Lotfi Bouazizi

Etude de l'écoulement et du transfert de chaleur autour d'un obstacle

Lotfi Bouazizi

Etude de l'écoulement et du transfert de chaleur autour d'un obstacle

Modélisation et simulation numérique du contrôle de l'écoulement et du transfert de chaleur autour d'un obstacle

Presses Académiques Francophones

Impressum / Mentions légales
Bibliografische Information der Deutschen Nationalbibliothek: Die Deutsche Nationalbibliothek verzeichnet diese Publikation in der Deutschen Nationalbibliografie; detaillierte bibliografische Daten sind im Internet über http://dnb.d-nb.de abrufbar.
Alle in diesem Buch genannten Marken und Produktnamen unterliegen warenzeichen-, marken- oder patentrechtlichem Schutz bzw. sind Warenzeichen oder eingetragene Warenzeichen der jeweiligen Inhaber. Die Wiedergabe von Marken, Produktnamen, Gebrauchsnamen, Handelsnamen, Warenbezeichnungen u.s.w. in diesem Werk berechtigt auch ohne besondere Kennzeichnung nicht zu der Annahme, dass solche Namen im Sinne der Warenzeichen- und Markenschutzgesetzgebung als frei zu betrachten wären und daher von jedermann benutzt werden dürften.

Information bibliographique publiée par la Deutsche Nationalbibliothek: La Deutsche Nationalbibliothek inscrit cette publication à la Deutsche Nationalbibliografie; des données bibliographiques détaillées sont disponibles sur internet à l'adresse http://dnb.d-nb.de.
Toutes marques et noms de produits mentionnés dans ce livre demeurent sous la protection des marques, des marques déposées et des brevets, et sont des marques ou des marques déposées de leurs détenteurs respectifs. L'utilisation des marques, noms de produits, noms communs, noms commerciaux, descriptions de produits, etc, même sans qu'ils soient mentionnés de façon particulière dans ce livre ne signifie en aucune façon que ces noms peuvent être utilisés sans restriction à l'égard de la législation pour la protection des marques et des marques déposées et pourraient donc être utilisés par quiconque.

Coverbild / Photo de couverture: www.ingimage.com

Verlag / Editeur:
Presses Académiques Francophones
ist ein Imprint der / est une marque déposée de
OmniScriptum GmbH & Co. KG
Heinrich-Böcking-Str. 6-8, 66121 Saarbrücken, Deutschland / Allemagne
Email: info@presses-academiques.com

Herstellung: siehe letzte Seite /
Impression: voir la dernière page
ISBN: 978-3-8381-4172-5

Zugl. / Agréé par: Sfax, Université de Sfax, Tunisie, 2015

Copyright / Droit d'auteur © 2015 OmniScriptum GmbH & Co. KG
Alle Rechte vorbehalten. / Tous droits réservés. Saarbrücken 2015

République Tunisienne
Ministère de l'Enseignement Supérieur, de
la Recherche Scientifique
et de la Technologie
Université de Sfax
École Nationale d'Ingénieurs de Sfax

Ecole Doctorale
Sciences et Technologies

Thèse de DOCTORAT
Génie Mécanique

N° d'ordre: 2015– 632

MODÉLISATION ET SIMULATION NUMÉRIQUE DU CONTRÔLE DE L'ÉCOULEMENT ET DU TRANSFERT DE CHALEUR AUTOUR D'UN OBSTACLE

Lotfi BOUAZIZI

Résumé : Le travail de cette thèse porte sur la modélisation et la simulation numérique du contrôle de l'écoulement et du transfert de chaleur autour d'un cylindre à base carrée, placé symétriquement par rapport à l'axe d'un canal horizontal. Les équations de continuité, de quantité de mouvement et de l'énergie sont résolues, pour une géométrie bidimensionnelle, par la méthode de volumes finis en adoptant l'algorithme SIMPLER pour le couplage vitesse-pression. Deux techniques de contrôle ont été envisagées dans ce travail : la première consiste à utiliser une couche poreuse placée sur l'obstacle dont le but d'étudier l'effet de la perméabilité et de l'épaisseur de la couche poreuse sur les coefficients globaux de l'écoulement, à savoir le nombre de Strouhal, caractérisant la fréquence de détachement des tourbillons derrière l'obstacle, et les coefficients de portance et de traînée. Les résultats se rapportant à cette partie ont montré que l'emplacement de la couche poreuse juste derrière l'obstacle permet de mieux régulariser l'écoulement autour de l'obstacle et de le mettre dans une position plus stable. La deuxième technique consiste à ajouter des nanoparticules de cuivre dans le fluide de base (eau) afin d'étudier son effet sur la structure globale d'écoulement et sur le transfert de chaleur. Une corrélation permettant de relier le nombre de Reynolds critique, définissant la transition entre écoulements stationnaire et périodique, avec la fraction volumique des nanoparticules est obtenue. On montre dans cette partie comment se modifie l'écoulement selon la valeur de la concentration des nanoparticules et des corrélations permettant d'évaluer le flux de chaleur transféré sont obtenues en convection forcée et en convection mixte.

Abstract: Numerical investigations have been carried out in this thesis to analyze the control of unsteady laminar flow and its related heat transfer characteristic around a square cylinder placed centrally within a horizontal parallel plate channel. The two dimensional governing equations of continuity, momentum and energy are solved using a finite volume method. The SIMPLER algorithm was applied to solve the pressure-velocity coupling in conjunction with an alternating direction implicit scheme to perform the time evolution. Two different techniques were used in this work to control the flow around the bluff body. In the first one, we have used a porous layer attached to the wall of the cylinder in order to show its effect on the global coefficients flow such as the Strouhal number and the drag and lift coefficients. Results related to this part showed that the use of a porous layer, located at the rear face of the square cylinder, regulated the flow and allowed to a better reduction on the amplitude of the fluctuating lift as well as the drag. The second technique consists to add copper nanoparticles in the base fluid (water) to examine its effect on the critical Reynolds number value defining the transition between two flow regimes (stationary and periodic) as well as on the overall flow coefficients. In the thermal study, we have established correlations to evaluate the heat flux transferred from the obstacle to the flow for different nanoparticles volume fractions. Results show a marked improvement in heat transfer compared to the base fluid. This improvement is more pronounced for higher Richardson numbers and higher nanoparticles volume fractions.

Mots clés: coefficient de portance, coefficient de traînée, nanofluides, convection forcée, convection mixte, transfert de chaleur, nombre de Strouhal, nombre de Nusselt.

Key-words: lift coefficient, drag coefficient, nanofluids, forced convection, mixed convection, heat transfer, Strouhal number, Nusselt number.

DEDICACES

A ma mère Zohra
A mon père Mohammed
A ma femme SIHEM
A mon fils YOUSSEF
A mes sœurs
A mes frères

A ce qui j'aime
A mes ami(e) s

Je vous dédie ce travail en témoignage de ma grande reconnaissance et de mon amour, que Dieu vous donne longue vie pleine de joie et bonne santé.

REMERCIEMENTS

Ce travail a été effectué à l'Unité de Recherche de Dynamique des Fluides Numérique et Phénomènes de Transferts (C.F.D.T.P) de l'Ecole Nationale d'Ingénieurs de Sfax. Je remercie son Directeur Monsieur le Professeur **Mounir BACCAR** qui m'a accueilli dans son unité de recherche et m'a toujours encouragé dans ce travail.

Je désire exprimer ma reconnaissance à Monsieur le Professeur **Foued HALOUANI** pour l'honneur qu'il me fait en acceptant la présidence de ce Jury.

Je suis vivement reconnaissant envers Monsieur **Abdallah MHIMID**, Professeur à l'Ecole Nationale d'Ingénieurs de Monastir, et Monsieur **Zied DRISS**, Maître de conférences à l'Ecole Nationale d'Ingénieurs de Sfax, pour l'intérêt qu'ils ont porté à ce travail en acceptant d'être rapporteurs de cette thèse. Je les remercie pour leurs critiques constructives et leurs encouragements.

Mes remerciements vont aussi à Monsieur **Hédi KCHAOU**, Maître de conférences à l'Institut Préparatoire aux Etudes d'Ingénieur de Sfax, pour avoir accepté d'examiner ce travail.

Je tiens à exprimer ma profonde gratitude à mon Directeur de thèse Monsieur **Saïd TURKI**, Professeur en sciences physiques à la Faculté des Sciences de Sfax, pour son soutien qu'il n'a cessé de m'apporter, sa disponibilité et ses précieux conseils qui ont permis de mener à bien ce travail.

Je voudrais aussi remercier tous les membres du (C.F.D.T.P) qui font de cette Unité une structure de recherche à la fois performante et accueillante dans laquelle j'ai un très grand plaisir de travailler.

Je n'oublie pas également de remercier mes collègues du département de mécanique à la Faculté des Techniques de Hafr Al Batin pour leur soutien et leur gentillesse, en particulier Dr. Ridha MNIF pour ses judicieux conseils et ses pertinentes remarques.

Résumé :

Le travail de cette thèse porte sur la modélisation et la simulation numérique du contrôle de l'écoulement et du transfert de chaleur autour d'un cylindre à base carrée, placé symétriquement par rapport à l'axe d'un canal horizontal. Les équations de continuité, de quantité de mouvement et de l'énergie sont résolues, pour une géométrie bidimensionnelle, par la méthode de volumes finis en adoptant l'algorithme SIMPLER pour le couplage vitesse-pression. Deux techniques de contrôle ont été envisagées dans ce travail : la première consiste à utiliser une couche poreuse placée sur l'obstacle dont le but d'étudier l'effet de la perméabilité et de l'épaisseur de la couche poreuse sur les coefficients globaux de l'écoulement, à savoir le nombre de Strouhal, caractérisant la fréquence de détachement des tourbillons derrière l'obstacle, et les coefficients de portance et de traînée. Les résultats se rapportant à cette partie ont montré que l'emplacement de la couche poreuse juste derrière l'obstacle permet de mieux régulariser l'écoulement autour de l'obstacle et de le mettre dans une position plus stable. La deuxième technique consiste à ajouter des nanoparticules de cuivre dans le fluide de base (eau) afin d'étudier son effet sur la structure globale d'écoulement et sur le transfert de chaleur. Une corrélation permettant de relier le nombre de Reynolds critique, définissant la transition entre écoulements stationnaire et périodique, avec la fraction volumique des nanoparticules est obtenue. On montre dans cette partie comment se modifie l'écoulement selon la valeur de la concentration des nanoparticules et des corrélations permettant d'évaluer le flux de chaleur transféré sont obtenues en convection forcée et en convection mixte.

Mots clés: coefficient de portance, coefficient de traînée, nanofluides, convection forcée, convection mixte, transfert de chaleur, nombre de Strouhal, nombre de Nusselt.

Abstract:

Numerical investigations have been carried out in this thesis to analyze the control of unsteady laminar flow and its related heat transfer characteristic around a square cylinder placed centrally within a horizontal parallel plate channel. The two dimensional governing equations of continuity, momentum and energy are solved using a finite volume method. The SIMPLER algorithm was applied to solve the pressure-velocity coupling in conjunction with an alternating direction implicit scheme to perform the time evolution. Two different techniques were used in this work to control the flow around the bluff body. In the first one, we have used a porous layer attached to the wall of the cylinder in order to show its effect on the global coefficients flow such as the Strouhal number and the drag and lift coefficients. Results related to this part showed that the use of a porous layer, located at the rear face of the square cylinder, regulated the flow and allowed to a better reduction on the amplitude of the fluctuating lift as well as the drag. The second technique consists to add copper nanoparticles in the base fluid (water) to examine its effect on the critical Reynolds number value defining the transition between two flow regimes (stationary and periodic) as well as on the overall flow coefficients. In the thermal study, we have established correlations to evaluate the heat flux transferred from the obstacle to the flow for different nanoparticles volume fractions. Results show a marked improvement in heat transfer compared to the base fluid. This improvement is more pronounced for higher Richardson numbers and higher nanoparticles volume fractions.

Key-words: lift coefficient, drag coefficient, nanofluids, forced convection, mixed convection, heat transfer, Strouhal number, Nusselt number.

SOMMAIRE

NOMENCLATURES ....- 6 -

INTRODUCTION GÉNÉRALE ....- 9 -

Chapitre I   GENÉRALITÉS ET SYNTHÈSE BIBLIOGRAPHIQUE
                    SUR LES ÉCOULEMENTS AUTOUR D'UN OBSTACLE

I.1. Introduction .... - 14 -
I.2. Étude bibliographique sur les écoulements autour d'un obstacle .... - 15 -
I.3. Contrôle des écoulements en mécanique des fluides .... - 20 -
      I.3.1. Le contrôle actif .... - 21 -
      I.3.2. Le contrôle passif .... - 22 -

Chapitre II   FORMULATION MATHÉMATIQUE

II.1. Introduction .... - 30 -
II.2. Équations de conservation .... - 30 -
      II.2.1. Équation de conservation de la masse .... - 31 -
      II.2.2. Équation de conservation de la quantité de mouvement .... - 31 -
      II.2.3. Équation de conservation de l'énergie .... - 32 -
II.3. Approximation de Boussinesq .... - 33 -
II.4. Description du modèle physique .... - 34 -
II.5. Equations adimensionnelles du problème .... - 36 -
II.6. Coefficients de frottement .... - 37 -
      II.6.1. Coefficient de Traînée .... - 37 -
      II.6.2. Coefficient de Portance .... - 38 -
II.7. Transfert de chaleur .... - 39 -
II.8. Conclusion .... - 40 -

Chapitre III   MÉTHODE NUMÉRIQUE

III.1. Introduction .... - 42 -
III.2. Les méthodes numériques .... - 42-
    III.2.1. Méthode des différences finies .... - 42 -
    III.2.2. Méthode des éléments finis .... - 43 -
    III.2.3. Méthodes spectrales .... - 43 -
    III.2.4. Méthode des volumes finis .... - 44 -
    III.2.5. Méthode des volumes finis à base d'éléments finis .... - 45 -
    III.2.6. Méthode de Boltzmann sur réseau .... - 45 -
III.3. Maillage utilisé .... - 46 -
III.4. Discrétisation des équations .... - 47 -
    III.4.1. Équation du mouvement suivant (OX) .... - 48-
    III.4.2. Équation du mouvement suivant (OY) .... - 51 -
    III.4.3. Équation de l'énergie .... - 54 -
    III.4.4. Équation de la pression .... - 57 -
    III.4.5. Équation de la correction de pression et de la correction des vitesses ..... - 58 -
III.5. Schémas de discrétisation .... - 60 -
III.6. Procédure de calcul .... - 62 -
III.7. Validation du code de calcul .... - 63 -
    III.7.1. Écoulement dans un canal horizontal en présence d'un obstacle ... - 63 -
    III.7.2. Écoulement de nanofluide derrière une marche descendante .... - 65 -
III.8. Conclusion .... - 68 -

Chapitre IV   CONTRÔLE PASSIF DE L'ÉCOULEMENT AUTOUR D'UN OBSTACLE MOYENNANT D'UN MILIEU POREUX

IV.1. Introduction .... - 70 -
IV.2. Description du problème physique à modéliser .... - 70 -
IV.3. Étude du maillage .... - 71 -
IV.4. Équations de conservation .... - 72 -
IV.5. Résultats et discussion .... - 73 -
    IV.5.1. Effet de la position de la couche poreuse sur les coefficients
    globaux de l'écoulement .... - 73 -

  IV.5.1.1. Effet sur les coefficients de portance et de traînée ....- 73 -
  IV.5.1.2. Effet sur le coefficient de traînée moyen ....- 75 -
  IV.5.1.3. Effet sur le nombre de Strouhal...- 76 -
 IV.5.2. Effet de l'épaisseur de la couche poreuse sur les coefficients
 globaux de l'écoulement ………………….…………………………… - 77 -
  IV.5.2.1. Effet sur les coefficients de portance et de traînée ....- 77 -
  IV.5.2.2. Effet sur les lignes de courants...- 79 -
  IV.5.2.3. Effet sur le nombre de strouhal ....- 80 -
IV.6. Conclusion ....- 82 -

Chapitre V   ÉCOULEMENT DE NANOFLUIDE (*Eau/Cu*) DERRIÈRE UNE MARCHE DESCENDANTE

V.1. Introduction .... - 84 -
V.2. Modèle physique et conditions aux limites.. - 86 -
V.3. Équations de conservation .... - 87 -
V.4. Étude de maillage .... - 88 -
V.5. Résultats et discussions.. - 90 -
V.6. Conclusion .... - 100 -

Chapitre VI   CONTRÔLE DE L'ÉCOULEMENT D'EAU AUTOUR D'UN CYLINDRE À BASE CARRÉE PAR L'AJOUT DES NANOPARTICULES DE CUIVRE

VI.1. Introduction... - 102 -
VI.2. Convection force (*Ri* = 0)... - 103 -
 VI.2.1. Etude dynamique .... - 103 -
  VI.2.1.1. Effet de la fraction volumique des nanoparticules sur
  la structure globale de l'écoulement ………..…………………….- 103-
  VI.2.1.2. Effet de la fraction volumique des nanoparticules sur
  le nombre de Strouhal ……………….………………………….- 105-

   VI.2.1.3. Effet de la fraction volumique des nanoparticules sur

      le coefficient de traînée ....- 107-

   VI.2.1.4. Effet de la fraction volumique des nanoparticules sur

      le coefficient de portance...- 108-

  VI.2.2. Étude Thermique .... - 109 -

VI.3. Convection mixte .... - 111 -

  VI.3.1. Étude dynamique .... - 112 -

  VI.3.2. Étude thermique .... - 116 -

VI.4. Conclusion .... - 117 -

CONCLUSION GÉNÉRALE..-119-

RÉFÉRENCES BIBLIOGRAPHIQUES..-125-

NOMENCLATURE

C_d	Coefficient de traînée
$<C_d>$	Coefficient de traînée moyen dans le temps
C_l	Coefficient de portance
C_p	Chaleur spécifique à pression constante $(J.kg^{-1}.K^{-1})$
e	Epaisseur de la couche poreuse
F_x, F_y	Composantes verticale et horizontale de la résultante des forces appliquées sur l'obstacle $(N.m^{-1})$
f'	Fréquence de détachement d'un tourbillon (s^{-1})
g	Champ de pesanteur $(m.s^{-2})$
H	Hauteur du canal (m)
h	Enthalpie massique (j/kg)
h'	Côte de l'obstacle (m)
h_{cv}	Coefficient d'échange par convection $(W.m^{-2}.K^{-1})$
k	Conductivité thermique $(W.m^{-1}.K^{-1})$
K	Perméabilité adimensionnelle
L	Longueur adimensionnelle du domaine
Lr	Longueur de rattachement
Lo	Longueur caractéristique (m)
$\dot{m}$	Débit massique d'écoulement $(kg.s^{-1})$
$<\dot{m}>$	Débit massique d'écoulement moyen dans le temps $(kg.s^{-1})$
$\overline{Nu}$	Nombre de Nusselt moyen dans l'espace
$<\overline{Nu}>$	Nombre de Nusselt moyen dans l'espace et dans le temps
$<\overline{Nu_t}>$	Nombre de Nusselt total
P	Pression adimensionnelle
P'	Correction de pression
$\bar{P}$	Pression estimée

$\widetilde{P}$	Champ de pression estimé
Pe	Nombre de Peclet, $[= Pr.Re]$
Pr	Nombre de Prandtl, $[= \frac{\nu}{a}]$
Q	Débit volumique $(m^3.s^{-1})$
Q_{conv}	Flux thermique par convection (W)
Q_{cond}	Flux thermique par conduction (W)
Re	Nombre de Reynolds $[= \frac{\rho_f u_0 h'}{\mu_f}]$
Ri	Nombre de Richardson $[= \frac{g\beta_f h'^3 (T_c - T_f)}{\nu_f^2 R_e^2}]$
St	Nombre de Strouhal $[= f'h'/u_0]$
S_Φ	Terme source de l'équation relative à la variable Φ
T	Température (K)
$\vec{U}$	Vecteur vitesse adimensionnel
u_0	Vitesse maximale à l'entrée du canal $(m.s^{-1})$
U, U	Composantes adimensionnelles de la vitesse
$\widetilde{U}, \widetilde{V}$	Composantes de vitesses calculées avec $\widetilde{P}$
U', V'	Corrections de vitesses
$\hat{U}, \hat{V}$	Pseudo vitesses
x, y	Coordonnées cartésiennes dimensionnelles (m)
x_u	Position de l'obstacle par rapport à l'entrée du canal (m)
x_d	Position de l'obstacle par rapport à la sortie du canal (m)
X, Y	Coordonnées cartésiennes adimensionnelles

Symboles grecs

α	Diffusivité thermique $(m^2.s^{-1})$
β	Coefficient de dilatation à pression constante (K^{-1})
β'	Blocage
Θ	Période du détachement tourbillonnaire derrière l'obstacle

$\ominus$	Période de la naissance du premier tourbillon sur la paroi horizontale
Φ	Variable [$= u, v$ ou θ]
ε_c	Critère de convergence
μ	Viscosité dynamique ($kg.m^{-1}.s^{-1}$)
$\tilde{\mu}$	Viscosité effective de Brinkman ($kg.m^{-1}.s^{-1}$)
ν	Viscosité cinématique ($m^{-2}.s^{-1}$)
ρ	Masse volumique ($kg.m^{-3}$)
v_Φ	Valeur du volume de contrôle relatif à la variable Φ
Δp	Variation de la pression
ΔT	Écart de température [$= T_C - T_F$]
$\Delta x, \Delta y$	Pas de discrétisation spatiale
$\Delta \tau$	Pas de discrétisation temporelle
τ	Temps adimensionnel
θ	Température adimensionnelle

Indices

c	Chaude
F	Froide
f	Fluide
nf	Nanofluide

INTRODUCTION GÉNÉRALE

Introduction générale

Le contrôle de l'écoulement autour d'un obstacle a suscité un intérêt pratique considérable dans ces dernières décennies dont le but, d'une part, de réduire les fluctuations des forces de portance et de traînée, induites par le détachement tourbillonnaire derrière l'obstacle et, d'autre part, d'améliorer le transfert de chaleur par convection. Bien que le domaine du contrôle des écoulements soit aussi vaste que le nombre d'écoulements différents à contrôler, les chercheurs se sont intéressés au contrôle du détachement tourbillonnaire qui se produit derrière un obstacle dont le but d'augmenter la stabilité de la structure. Ces fluctuations peuvent être destructives de l'obstacle lui-même. Différents outils ont été développés pour mettre en œuvre des stratégies de contrôle de l'écoulement, comme l'insertion des plaques séparatrices, le mécanisme d'aspiration et de soufflage …etc. Une autre alternative de contrôle consiste à introduire une couche poreuse à l'interface des milieux solide et fluide. Ce type de contrôle est obtenu par la modification des forces de cisaillement dans la couche limite, car l'ajout d'une couche poreuse transforme les conditions d'adhérence à la paroi en conditions de pseudo-glissement induisant ainsi des baisses parfois très importantes des amplitudes de la portance et de la traînée. Cette technique est utilisée dans la première partie du présent travail pour contrôler l'écoulement derrière un cylindre à base carrée, placé dans un canal horizontal.

Des travaux antérieurs, effectués dans ces dernières années, ont montré qu'une nouvelle classe de fluides composée par des nanoparticules métalliques en suspension dans un fluide de base, appelée nanofluides, peut posséder une puissance d'échange thermique remarquable, comparée aux fluides conventionnels (eau, air). Son intérêt pratique s'étend dans des domaines bien spécifiques tels que le refroidissement des composants électroniques, l'augmentation des transferts de chaleur dans les échangeurs thermiques...etc. Nous avons utilisé cette classe de fluide dans la deuxième partie de cette thèse afin d'étudier l'impact de l'ajout des nanoparticules de cuivre dans le fluide de base (eau) sur les comportements hydrodynamique et thermique de l'écoulement derrière un obstacle. Le choix des nanoparticules de cuivre résident dans sa conductivité thermique qui est 700 fois plus grande que celle de l'eau, à la température ambiante, et environ 3000 fois plus grande que celles des huiles de moteur.

Ce mémoire comporte six chapitres.

Dans le premier chapitre une synthèse bibliographique des travaux antérieurs a été effectuée sur les écoulements autour des obstacles aux arêtes vives et des différentes techniques utilisées pour contrôler ce type d'écoulement.

Dans le deuxième chapitre, le formalisme mathématique conduisant à la mise en équation du problème de l'écoulement convectif d'un nanofluide autour d'un cylindre à base carrée, chauffé et placé sur l'axe d'un canal horizontal, a été présenté. L'étude est faite dans le cadre de l'approximation de Boussinesq et les équations de conservation sont écrites, pour une géométrie bidimensionnelle, dans un système de coordonnées cartésiennes et adimensionnelles.

Après avoir décrire brièvement les différentes méthodes numériques utilisées en mécanique des fluides, nous avons développé dans le troisième chapitre, la méthode des volumes finis utilisée pour simuler le contrôle de l'écoulement derrière un obstacle. Les équations de quantité de mouvement et de l'énergie sont discrétisées en adoptant l'algorithme SIMPLER pour le couplage vitesse-pression. Des tests de validations ont été effectués et montrent bien que notre code spécifique est capable de simuler correctement les écoulements de fluides et de nanofluides dans un canal à frontières ouvertes avec ou sans obstacle.

Le chapitre quatre est consacré à la simulation numérique du contrôle passif de l'écoulement d'un fluide Newtonien derrière un cylindre à base carrée, moyennant d'une couche poreuse, placée sur la paroi de l'obstacle. Dans ce chapitre, nous avons examiné l'effet de l'insertion de la couche poreuse sur les coefficients globaux de l'écoulement à savoir le nombre de Strouhal St caractérisant la fréquence de détachement des tourbillons derrière l'obstacle et les coefficients de traînée C_D et de portance C_L.

Dans la deuxième partie de cette thèse, faisant l'objet des deux derniers chapitres, on s'est intéressé au contrôle de l'écoulement d'eau à travers un obstacle par l'ajout des nanoparticules de cuivre. Dans le chapitre cinq, nous avons simulé l'écoulement en convection mixte d'un nanofluide (eau/Cu) derrière une marche descendante afin de montrer l'impact de l'ajout des nanoparticules de cuivre sur la structure globale de l'écoulement. Nous avons établi des corrélations reliant la longueur de rattachement de la zone de recirculation primaire en fonction du nombre de Richardson, caractérisant les forces de flottabilité, pour différentes fractions volumiques des nanoparticules. Dans la partie thermique, une étude portant sur l'effet de la concentration des nanoparticules sur le transfert de chaleur est aussi présentée.

Dans le dernier chapitre, on présente des résultats numériques se rapportant aux écoulements du nanofluide (Eau/Cu) en convection forcée et en convection mixte autour d'un cylindre à base carrée, chauffé et placé symétriquement par rapport à l'axe d'un canal horizontal. L'attention est principalement portée sur l'effet de la fraction volumique des nanoparticules de cuivre sur les coefficients globaux de l'écoulement ainsi que sur le transfert de chaleur.

Enfin, on termine ce mémoire par une conclusion générale, qui résume les principaux résultats obtenus et puis on donne les perspectives pour les études futures.

Chapitre I

GÉNÉRALITÉS ET SYNTHÈSE BIBLIOGRAPHIQUE SUR LES ÈCOULEMENTS AUTOUR D'UN OBSTACLE

Chapitre I

Généralités et synthèse bibliographique sur les écoulements autour d'un obstacle

I.1. Introduction

Depuis des années, l'écoulement autour d'un obstacle a été l'objet de plusieurs travaux de recherche, tant expérimentaux que théoriques et numériques. La motivation derrière ces études est de comprendre le phénomène physique qui se produit derrière l'obstacle et de chercher des applications pratiques dans le processus industriel. Deux excellentes revues bibliographiques (Zdravkovich, 1981 et Williamson, 1996) montrent que de nombreuses études ont été consacrées à l'étude de l'écoulement autour d'un cylindre à base circulaire. Ce type d'écoulement présente un intérêt pratique considérable dans plusieurs domaines tels que l'aérodynamique et la construction navale. En revanche, ce n'est que récemment, l'écoulement autour d'un cylindre à base, soit rectangulaire, soit carrée, soit triangulaire, a attiré l'attention de plusieurs chercheurs à cause de son intérêt pratique dans des domaines bien spécifiques tels que le refroidissement des composants électroniques, l'augmentation des transferts de chaleur dans les échangeurs thermiques, la construction des grandes structures (immeubles ou ponts), stabilisateur des flammes dans les chambre à combustion...etc. La plupart des chercheurs se sont intéressés aux calculs du nombre de Reynolds critique définissant la transition entre deux régimes d'écoulements (symétrique, caractérisé par l'apparition de deux tourbillons tournant sur place en sens opposé juste derrière l'obstacle, et périodique, caractérisé par le détachement de deux tourbillons par cycle juste derrière l'obstacle) et les coefficients globaux de l'écoulement à savoir le nombre de Strouhal définissant la fréquence de détachement des tourbillons et les coefficients de traînée et de portance.

Lorsque le détachement des tourbillons se produit derrière le cylindre, les frottements sur le cylindre augmentent par rapport à la situation sans tourbillons et ce dernier est assujetti à une force périodique normale à l'écoulement principal. Cette force périodique s'exerçant sur l'obstacle, peut être destructif de l'obstacle lui-même. D'autre part, le détachement tourbillonnaire conduit à une amélioration du mélange dans la partie aval du cylindre. Cette brève description nous révèle l'importance que représente le contrôle d'écoulement pour certaines applications industrielles.

Dans ce chapitre, nous allons présenter quelques travaux antérieurs concernant les écoulements autour d'un obstacle aux arrêtes vives. Ensuite, nous évoquerons les différentes techniques utilisées pour contrôler ce type d'écoulement.

I.2. Etude bibliographique sur les écoulements autour d'un obstacle

La compréhension des écoulements a connu un essor gigantesque au cours du siècle qui s'achève. En effet, l'homme a d'abord brillamment appliqué les outils du raisonnement scientifique à la compréhension des phénomènes complexes qui caractérisent les écoulements des fluides, avec des précurseurs comme Strouhal, Reynolds et Stokes au 19ème siècle. Ceux-ci ont été suivis au début du 20ème siècle par les scientifiques intéressés par les applications utiles à l'avancés de l'ère industrielle, comme Karman (1911) entre autres, puis pour des applications à vocation moins pacifiques au milieu du siècle. L'apparition de l'ordinateur a révolutionné cette compréhension en apportant la possibilité de 'simuler', c'est-à-dire de regarder les écoulements à travers la loupe des modèles issus des théories. En fonction du type d'écoulement mis en jeu mais aussi du type de l'obstacle, un large spectre de problèmes en lien avec l'interaction écoulement-obstacle a été largement étudié.

L'écoulement d'un fluide autour d'un obstacle aux arêtes vives a suscité un très grand nombre de travaux, tant expérimentaux que numérique. La connaissance de leur dynamique est importante tant pour la recherche fondamentale que pour des applications industrielles. Depuis les travaux de Harlow et Fromm (1964), les chercheurs ne cessent pas s'intéresser à ce type d'écoulement à cause de son intérêt pratique considérable dans des domaines bien spécifiques tels que le refroidissement des composants électroniques, l'augmentation des transferts de chaleur dans les échangeurs tubulaires, stabilisateurs dans les chambres à combustion,...etc.

Davis et al., (1984) ont étudié numériquement et expérimentalement la convection forcée de l'écoulement autour d'un cylindre de section rectangulaire, placé sur l'axe d'un canal horizontal. Deux blocages ($\beta' = 1/6$ et $\beta' = 1/4$) ont été considérés dans leur étude. Ils ont remarqué que l'augmentation du blocage entraîne un accroissement du nombre de Strouhal et du coefficient de traînée. En outre, ils ont montré que la variation du nombre de Strouhal en fonction du nombre de Reynolds présente un maximum entre 200 et 300. Tropea et al., (1985) ont effectué des mesures par Vélocimétrie Laser Doppler pour déterminer les dimensions des zones de recirculation au voisinage d'un barreau de section rectangulaire, placé sur la paroi inférieure d'un canal horizontal. Biswas et al., (1990) ont étudié numériquement la convection mixte de l'écoulement d'air autour d'un cylindre de section carrée, placé symétriquement sur l'axe d'un canal horizontal. Ils ont montré que les forces de poussée peuvent produire un écoulement périodique autour de l'obstacle à partir d'un nombre de Reynolds plus faible que celui obtenu en convection forcée pure. Kelkar et al., (1992) ont étudié numériquement les écoulements stationnaire et instationnaire autour d'un cylindre à base carrée. Leurs résultats, obtenus en convection forcée, montrent que le flux de chaleur transféré de l'obstacle vers l'écoulement est presque le même pour les deux types d'écoulement. Une investigation numérique est menée par Sohankar et al., (1998) pour étudier l'écoulement laminaire bidimensionnel autour d'un cylindre de section carrée, placée suivant différentes inclinaisons sur l'axe d'un canal horizontal. Ils ont montré que, pour une gamme du nombre de Reynolds variant de 45 à 200, le nombre de Strouhal et le coefficient de traînée diminuent avec la diminution du blocage. Breuer et al., (2000) ont étudié numériquement l'écoulement d'un fluide newtonien autour d'un cylindre de section carrée, placé sur l'axe d'un canal horizontal, ceci pour une gamme du nombre de Reynolds variant de 1 à 300 et un blocage fixé à β = 1/8. Ils ont montré que pour 5 ≤ Re < 60, le régime est permanent et symétrique et que la longueur de recirculation peut être corrélée par une équation de type : $L_R = -0,065 + 0,0554\, Re$. Pour 60 ≤ Re < 300, le régime d'écoulement est périodique, caractérisé par le détachement de deux tourbillons par cycle juste derrière l'obstacle, et au delà de Re = 300, le sillage derrière l'obstacle devient tridimensionnel. En outre, ils ont montré que la variation du nombre de Strouhal ainsi que celle du coefficient de traînée en fonction du nombre de Reynolds présentent respectivement un maximum et un minimum au voisinage de Re = 150. Shuja et al., (2000) ont étudié les comportements dynamique et thermique de l'écoulement dans un canal en présence d'un cylindre de section rectangulaire. Ils ont remarqué que le détachement des tourbillons a un effet négligeable sur le champ de température loin de l'obstacle. L'écoulement laminaire d'un fluide autour d'un cube placé sur une plaque plane est étudié numériquement et expérimentalement par Calluaud et al., (2001). Les résultats expérimentaux obtenus par PIV (Particle Image Velocimetry), concernant la topologie de l'écoulement, les lignes de séparation et le détachement tourbillonnaire, sont semblables qu'à ceux obtenus numériquement. Abbassi et al., (2001a) ont étudié numériquement la convection forcée de l'écoulement d'air autour d'un prisme, placé symétriquement par rapport à l'axe d'un canal horizontal. Dans l'étude dynamique, ils ont montré que la transition du régime d'écoulement symétrique vers le régime d'écoulement périodique est observée au voisinage du nombre de Reynolds $Re \approx 45$. En outre, ils ont établi une corrélation reliant le nombre de Strouhal avec le nombre de Reynolds suivant la loi : $St = 0.2294 - \frac{0.4736}{\sqrt{Re}}$. Dans l'étude thermique, Ils ont remarqué que la présence de l'obstacle améliore davantage le transfert de chaleur qui peut aller jusqu'à 85% à Re = 250. D'autres travaux menés aussi par Abbassi et al., (2001b) se rapportant à la convection mixte de l'écoulement d'air dans un canal horizontal en présence d'un prisme. Ils ont constaté que le terme de poussé, lorsque celui-ci devient important, a engendré la formation des cellules tourbillonnaires entre les concavités des allée de Von-Karman et les parois horizontale et que ces cellules empêchent l'atténuation et la diffusion des allées de Von-Karman même loin de l'obstacle. Luo et al., (2003) ont étudié expérimentalement l'écoulement autour des obstacles de sections carrées. Ils ont remarqué que le caractère onduleux du sillage augmente avec le nombre de Reynolds jusqu'à $Re = 160$ puis il devient complètement déformé au-delà de $Re = 200$. Turki et al., (2003a) ont étudié numériquement la convection forcée et la convection mixte de l'écoulement d'un fluide newtonien autour d'un cylindre de section carrée, chauffé et placé dans un canal horizontal. En convection forcée, ils ont montré que le nombre de Reynolds critique, définissant la transition entre écoulement symétrique et écoulement périodique, ainsi que le nombre de Strouhal sont très sensibles à l'effet du blocage. Par contre, son effet sur le flux de chaleur transféré de l'obstacle vers l'écoulement, corrélé par des relations de type $<\overline{Nu}>= cRe^d$, est négligeable. En convection mixte, le terme de poussée commence à avoir de l'importance sur la structure globale de l'écoulement et sur le transfert de chaleur à partir d'un nombre de Richardson égal à 10^{-2}. Paliwal et al., (2003) ont étudié la convection forcée de l'écoulement et du transfert thermique autour d'un cylindre à base carrée d'un fluide non newtonien ayant un comportement rhéologique de type loi en puissance. Leurs résultats, obtenus en régime permanent, montrent que l'indice de comportement a une influence significative sur le coefficient de traînée et sur le transfert de chaleur. Dhiman et al., (2006) ont étudié, pour $Re < 45$, l'effet du blocage sur les caractéristiques de l'écoulement d'un fluide non-newtonien, ayant un modèle rhéologique de type Ostwald-de-Waele. Ils ont montré que la longueur de la zone de recirculation augmente presque linéairement avec le nombre de Reynolds et/ou l'indice de comportement et diminue avec l'augmentation du blocage. Cheng et al., (2007) ont mené une étude numérique bidimensionnelle de l'écoulement de cisaillement linéaire autour d'un cylindre à base carrée afin d'étudier l'effet du taux de cisaillement sur la fréquence de détachement des tourbillons. Ils ont montré que la fréquence de détachement des tourbillons derrière l'obstacle dépend fortement du taux de cisaillement et du nombre de Reynolds. Abbassi et al., (2007) ont simulé numériquement l'écoulement laminaire d'un fluide électriquement conducteur incompressible dans un canal horizontal. Ils ont montré que l'application d'un champ magnétique externe diminue la taille de la zone de recirculation. De plus, l'écoulement de base est atténué par la force magnétique induite tandis que la vitesse d'écoulement près des parois du canal est accélérée. En outre, ils ont montré que le transfert thermique est sensiblement augmenté par le champ magnétique pour des nombres de Prandtl élevés. Dhouaib et al., (2008) ont conduit une étude expérimentale et numérique de l'écoulement laminaire derrière un barreau de section carrée placé dans un milieu confiné. Des mesures expérimentales par PIV ont été effectuées pour caractériser les structures tourbillonnaires de l'écoulement. Ils ont remarqué qu'à partir d'un nombre de Reynolds Re = 180, des instabilités de l'écoulement commencent à apparaître et deviennent de plus en plus importantes à mesure que Re augmente. Mahir (2009) a étudié l'écoulement bidimensionnel et tridimensionnel autour d'un cylindre à base carrée, placé au voisinage d'une plaque plane horizontale. Il a constaté que les valeurs des coefficients de traînée et de portance obtenues en 3D sont inférieures qu'à celles obtenues en 2D. En outre, il a remarqué que les coefficients de traînée et de portance diminuent légèrement au fur et à mesure que l'obstacle s'éloigne de la plaque. Bouaziz et al., (2010) ont simulé l'écoulement d'un fluide non newtonien, ayant un comportement rhéologique de type loi en puissance, autour d'un cylindre à base carrée, placé dans un canal horizontal. Leurs résultats, obtenus en convection forcée, montrent que le nombre de Reynolds critique caractérisant la transition entre deux régimes d'écoulements, symétrique et périodique, est d'autant plus élevé que l'indice de comportement est faible. En outre, des corrélations reliant le nombre de Nusselt moyen avec le nombre de Reynolds sont obtenues pour différents indices de comportement. En convection mixte, ils ont montré que la structure globale de l'écoulement est fortement modifiée par le terme de poussée quand celui-ci est important, notamment pour les fluides dilatants.

Chatterjee et al., (2015a) ont simulé numériquement l'écoulement derrière deux rangées de cylindres à bases carrées disposées en quinconce. Leur étude est focalisée sur l'effet de l'espacement transversal et du rapport de séparation sur les caractéristiques d'écoulement. Ils ont remarqué que pour un rapport de séparation relativement grand, l'écoulement est périodique et organisée. D'autres travaux ont été effectués aussi par Chatterjee el al., (2015b) pour simuler numériquement l'écoulement d'air à travers une marche descendante en présence d'un obstacle. Leurs résultats montrent qu'une augmentation significative du transfert de chaleur est observée en présence d'un obstacle. En outre, le transfert de chaleur est plus important en présence d'un cylindre de section carrée que celui en présence d'un cylindre de section circulaire.

I.3. Contrôle des écoulements en mécanique des fluides

Le contrôle des écoulements doit sa naissance à Prandtl (1904). Le choix des moyens de contrôle est passé d'une démarche purement empirique à un raisonnement physique se basant sur des principes connus.

Le phénomène de détachement tourbillonnaire derrière un obstacle a été largement étudié puisque la plupart des écoulements qui intéressent les ingénieurs produisent ce phénomène. Les applications sont rencontrées par exemples dans les structures marines, génie civil,...etc. lorsque le détachement des tourbillons se produit derrière l'obstacle, les frottements sur le cylindre augmentent par rapport à la situation sans tourbillons et ce dernier est assujetti à une force périodique normale à l'écoulement principal. Cette force peut entraîner la réduction de la durée de vie de la structure, d'autre part le détachement tourbillonnaire conduit à une amélioration du mélange dans la partie avale du cylindre. Cette brève description nous révèle l'importance que représente le contrôle d'écoulements pour certaines applications industrielles.

La manipulation des écoulements regroupe deux catégories distinctes de contrôle : le contrôle actif et le contrôle passif. Selon la définition proposée par Hernandez (1996), le contrôle actif est défini comme « *toute méthode dont l'action sur l'écoulement est non permanente au cours du temps* ». La définition du contrôle passif d'écoulement est alors triviale, c'est la perturbation de l'écoulement de façon permanente au cours du temps.

Présentons quelques méthodes relatives à ces deux types de contrôle et leurs effets sur la structure globale de l'écoulement derrière l'obstacle.

I.3.1. Le contrôle actif

L'oscillation du cylindre dans la direction transversale de l'écoulement avec une fréquence très voisine de celle du détachement tourbillonnaire ou bien l'oscillation de ce même cylindre dans la direction de l'écoulement avec une fréquence proche au double à celle du détachement tourbillonnaire entraîne le blocage de ce dernier (Griffin et al.,1974). Ce blocage peut être aussi obtenu suite à de faibles oscillations autour de l'axe d'un cylindre à base circulaire (Tokumaru et al., 1991).

Williams et al., (1992) ont montré que l'oscillation forcée, symétrique ou antisymétrique, à travers des fentes localisées sur la surface en aval du cylindre entraîne aussi le blocage du détachement des tourbillons.

Un autre type de contrôle actif de l'allée tourbillonnaire derrière un cylindre a été entrepris à l'aide de sources acoustiques, principalement des haut-parleurs, placées à l'extérieur du cylindre (Blevins, 1985, Williams et al., 1989). L'inconvénient principal de cette méthode est l'impossibilité pratique d'installer des sources acoustiques dans le fluide entourant par exemple l'avion en vol.

Park et al., (1994) ont proposé une méthode à base de jets pulsés (soufflage/aspiration) pour le contrôle de détachement tourbillonnaire sur un cylindre de section circulaire à faible nombre de Reynolds. Ces jets, placés sur la paroi du cylindre issus de deux fentes, sont situés à $\pm 110°$ du point d'arrêt. Leurs résultats numériques montrent que le détachement tourbillonnaire est complètement supprimé à $Re = 60$. Notons que le détachement tourbillonnaire est observé à

$Re = 47$ sans contrôle. Le développement de ce type de contrôle connaît actuellement un intérêt grandissant avec l'apparition d'un type particulier de jet pulsé : les jets synthétiques. Ce type d'actionnaire permet de générer, à partir d'un système électrodynamique ou piézo-électrique, un jet moyen au sein du fluide, sans apport de fluide supplémentaire. Des études antérieures ont montré l'efficacité d'un jet pulsé pariétal pour retarder le décollement de la couche limite sur un profil (Seifert et al., 1996, Mc Manus et al., 1997), et modifier notablement le sillage : un tel actionnaire permet ainsi de générer une importante force de portance sur un profil cylindrique circulaire (Amitay et al., 1997). Béra et al., (2000) ont utilisé ce type d'actionnaire pour le contrôle du sillage d'un cylindre à base hexagonal. Leurs études expérimentales montrent que le sillage moyen se trouve dévié, en corrélation avec la génération de portance du côté contrôlé.

I.3.2. Le contrôle passif

Les techniques utilisant le contrôle passif sont les plus couramment utilisées dans l'industrie en raison de leur relative simplicité de mise en œuvre et de leur faible coût. Une variété de moyens a été conçue pour obtenir un meilleur contrôle du débit. Parmi ces méthodes, celle qui consiste à mettre un petit obstacle en face d'un grand corps afin de réduire les forces de frottement du fluide sur l'obstacle. Cette idée vient des études expérimentales effectuées par Morel et Bohn (1980), Igarashi (1982) et Koenig et Roshko (1985). Leurs expériences montrent que l'emplacement de deux obstacles en séries dans un flux uniforme peut conduire à une réduction de la traînée totale par rapport à celle des deux corps seuls. En utilisant cette idée, plusieurs méthodes ont été développées pour réduire la traînée et la portance.

Lesage et Gartshore (1987) ont proposé une méthode pour contrôler la couche limite et la couche de cisaillement séparée du corps non profilé par la mise en place d'une petite tige en amont d'un cylindre de section rectangulaire. Ils ont remarqué que la couche de cisaillement, séparée du bord d'attaque du cylindre, se rattache à la face latérale à proximité du bord d'attaque et que la bulle de séparation devient petite. De plus, ils ont constaté que cette technique a apporté une amélioration du transfert de chaleur.

Igarashi et Tsutsui (1989) ont montré que, l'insertion d'un petit cylindre dans la couche de cisaillement à proximité du cylindre principal, provoque un rattachement forcé de la couche de cisaillement séparée du cylindre. De plus, cette opération conduit à une diminution du coefficient de traînée.

Igarashi (1997) a simulé le contrôle de l'écoulement autour d'un cylindre à base carrée moyennant d'une tige placé à proximité du cylindre. Pour un rapport d/D compris entre 0.1 et 0.2, où d et D sont respectivement le diamètre de la tige et la largeur du cylindre, il a constaté que la traînée sur le cylindre diminue considérablement.

Une technique d'augmentation du transfert de chaleur a été proposée par Wu et al., (1999) qui ont étudié numériquement l'écoulement derrière une série d'obstacles rectangulaires, chauffés et placés sur la paroi inférieure d'un canal horizontal. Ils ont montré que l'introduction d'une plaque plane faisant un angle 60° par rapport à l'horizontal, augmente le transfert de chaleur de 39.5%.

Le contrôle passif de détachement tourbillonnaire derrière un cylindre à base rectangulaire utilisant une plaque séparatrice a été étudié par Ozono (1999). Ses résultats numériques montrent que le nombre de Strouhal varie avec la position relative de la plaque derrière le cylindre.

Zhou et al., (2005) ont étudié numériquement le contrôle de l'écoulement autour d'un cylindre à base carrée utilisant une plaque plane placé verticalement devant l'obstacle. Ses résultats montrent que la présence de la plaque modifie considérablement les caractéristiques de l'écoulement en face du cylindre. Ils ont remarqué que la traînée agissant sur le cylindre ainsi que l'amplitude des fluctuations du coefficient de portance diminuent avec l'augmentation de la hauteur de la plaque.

Turki (2008) a étudié numériquement le contrôle passif de l'écoulement derrière un cylindre à base carrée utilisant une plaque séparatrice. L'effet de la longueur de la plaque séparatrice et de son emplacement dans la zone de sillage sur le nombre de Strouhal et les coefficients de traînée et de portance ont été analysés. Il a constaté que la longueur critique de la plaque séparatrice, correspondant à la suppression de détachement des tourbillons, augmente au fur et à mesure que le nombre de Reynolds augmente et elle peut être corrélée par une relation de type : $Lc = 0.0366\, Re - 3.3184$. En outre, pour une position optimale de la plaque séparatrice, il a montré que le nombre de Strouhal et le coefficient de traînée moyen ont subi une augmentation brusque, due à la génération des petits tourbillons à l'extrémité de la plaque séparatrice.

Farjallah et al., (2011) ont mené une étude numérique du contrôle de l'écoulement et du transfert de chaleur d'un fluide conducteur autour d'un obstacle moyennant d'un champ magnétique. En convection forcée, leurs résultats montrent que l'obstacle devient plus stable à l'écoulement en présence d'un champ magnétique et que la variation de l'intensité de la force de Lorentz n'a pas d'effet sensible sur le flux de chaleur transféré de l'obstacle vers l'écoulement. En convection mixte, Ils ont remarqué que la structure globale d'écoulement est fortement modifiée par le terme de poussée quand celui-ci devient important et que le transfert de chaleur diminue lorsque le nombre de Hartmann augmente.

Chatterjee (2013) a analysé numériquement le contrôle de l'écoulement d'air dans une cavité carrée moyennant d'un obstacle placé au centre de l'enceinte et chauffé par effet Joule. Il a remarqué que l'augmentation de l'intensité du champ magnétique conduit à une augmentation du coefficient de traînée et une diminution du nombre de Nusselt.

Une autre alternative de contrôle passif consiste à introduire des couches poreuses à l'interface des milieux solides et fluides. Le contrôle est obtenu par la modification des forces de cisaillement dans la couche limite, car l'ajout d'une couche poreuse transforme les conditions d'adhérence à la paroi en conditions de pseudo-glissement qui induisent des baisses parfois très importantes de la traînée et de la portance. Bruneau et al., (2004) ont étudié numériquement le contrôle passif de l'écoulement autour d'un cylindre à base carrée utilisant des couches poreuses placées sur les parois horizontales du cylindre. Leurs résultats, obtenus par la méthode de pénalisation (Arquis (1984) et Caltagirone et al., 1986), révèlent la capacité des milieux poreux à la fois de régulariser l'écoulement et de réduire les forces de traînée jusqu'au 30%. D'autres travaux numériques menés aussi par Bruneau et al., (2008) pour contrôler l'écoulement d'air autour du corps Ahmed utilisant des couches poreuses placées sur la surface du corps. Ils ont montré que l'introduction d'une couche poreuse en amont de l'obstacle réduit considérablement les forces de cisaillement latérales.

Mazellier et al., (2011a) ont étudié numériquement et expérimentalement le contrôle de l'écoulement autour d'un profil d'aile, moyennant d'un volet poreux auto-adaptif fixé à l'extrados du profil. Ils ont remarqué qu'une amélioration significative du rapport entre les coefficients de portance et de traînée pouvant atteindre 20% est observée. D'autres travaux menés aussi par Mazellier et al., (2011b) pour contrôler l'écoulement autour d'un cylindre à base carrée moyennant d'un milieu poreux. Ils ont remarqué que l'insertion de deux volets poreux fixés sur les faces de l'obstacle, disposés parallèlement à l'écoulement, diminue le coefficient de frottement jusqu'à 22%.

Une autre technique de contrôle passif consiste à ajouter des nanoparticules dans le fluide de base afin d'étudier son effet sur la structure globale de l'écoulement et particulièrement sur le transfert de chaleur. Cette nouvelle classe de fluide, appelée nanofluide, est apparue récemment. Plusieurs travaux antérieurs, effectués dans ces dernières années, ont montré que cette classe de fluides possède une puissance d'échange thermique remarquable, comparée aux liquides conventionnels comme l'eau, l'air, l'huile, ...etc (Estman et al., 1997, Wang et al., 1999, Choi et al., 2001,

Xuan et al., 2003a, Daungthongsuk et al., 2007, Kakaç et al., 2009, Saidur et al., 2011, Fazeli et al., 2012, Hashemi et al., 2012, Zirakzadeh et al., 2012, Mahian et al., 2013, Sohel et al., 2013, Rashad 2013, Safaei et al., 2014, Sarafraz 2014, Nayak et al., 2015,...etc). Présentons dans la suite de ce chapitre quelques travaux montrant l'efficacité de ce type de fluide sur les comportements hydrodynamique et thermique de l'écoulement de nanofluides.

Xuan et al., (2003b) ont étudié expérimentalement l'écoulement de nanofluide (eau/Cu) à travers un tube. Leurs études, menées pour une large gamme du nombre de Reynolds allant de $Re = 10^3$ à $2,5\ 10^4$ et une fraction volumique des nanoparticules allant de $\varphi = 0$ à 2%, montrent que le coefficient du transfert de chaleur par convection du nanofluide augmente avec la vitesse d'écoulement et la fraction volumique des nanoparticules φ. En outre, une augmentation d'environ 39% en nombre de Nusselt a été observée lorsque φ augmente de 0 à 2%. Une corrélation du nombre de Nusselt en fonction de la fraction volumique φ, du nombre de Péclet Pe et du nombre de Reynolds Re a également été obtenue.

Wen et al., (2004) ont analysé le transfert de chaleur par convection de nanofluides circulant à travers un tube de cuivre en régime d'écoulement laminaire. Leurs résultats expérimentaux montrent que l'utilisation des nanoparticules d'oxyde d'aluminium (Al_2O_3) dispersée dans l'eau peut considérablement améliorer le transfert de chaleur. Zeinali et al., (2006) ont étudié expérimentalement les performances du transfert de chaleur des nanofluides (eau/Al_2O_3) et (eau/CuO) s'écoulant à travers un tube circulaire. Leurs résultats montrent que le coefficient de transfert de chaleur, obtenu par le nanofluide (eau/Al_2O_3), est plus important que celui obtenu par le nanofluide (eau/CuO). Une étude numérique a été menée par Apurba et al., (2009) pour étudier l'effet des nanoparticules d'oxyde de cuivre (CuO) dispersés dans l'eau, en écoulement entre deux plaques parallèles chauffées, sur la structure globale de l'écoulement et sur le transfert de chaleur. Leurs résultats montrent que les nanoparticules ont un effet négligeable sur la structure globale de l'écoulement. Par contre, un déplacement des isothermes vers la médiane du canal et une augmentation du transfert de chaleur est observé lorsque la fraction volumique des nanoparticules augmente. L'effet de différents types de nanoparticules dispersés dans un fluide de base (eau) a été étudié par Rea et al., (2009). Ils ont montré que le nanofluide (eau/Al_2O_3) favorise mieux le transfert de chaleur en comparaison par rapport au nanofluide (eau/ZrO_2). Ebrahimnia-Bajestan et al., (2011) ont conduit une étude numérique afin d'étudier l'effet des caractéristiques du nanofluide sur le transfert de chaleur à l'intérieur d'une conduite droite de section circulaire. Leurs résultats montrent que l'augmentation de la taille des nanoparticules améliore le transfert de chaleur. En outre, ils ont constaté que le mouvement brownien des nanoparticules ainsi que les types de fluide de base ont des effets très importants sur les caractéristiques du transfert de chaleur.

L'écoulement des nanofluides autour d'un obstacle n'a pas été largement étudié. Ce type de problème a des applications importantes dans la conception de plusieurs dispositifs du transfert de chaleur utilisés dans les domaines de l'ingénierie. Valipour et al., (2011) ont étudié l'effet des nanoparticules sur les comportements dynamique et thermique d'un nanofluide autour d'un cylindre à base circulaire. Ils ont montré que l'augmentation de la fraction volumique conduit à une diminution de la vitesse dans la région du sillage. En outre, Ils ont remarqué que, pour un nombre de Reynolds donné, le nombre de Nusselt augmente avec la fraction volumique des nanoparticules. Sarkar et al., (2012) ont simulé l'écoulement et le transfert de chaleur d'un nanofluide (eau/Cu) autour d'un cylindre à base circulaire. Ils ont établi des corrélations reliant le nombre de Nusselt moyen avec la concentration des nanoparticules pour les nombres de Richardson.

Sarkar et al., (2013) ont simulé numériquement la convection mixte de l'écoulement des nanofluides (eau/Cu et eau/Al_2O_3) autour d'un cylindre à base carrée placé dans un canal vertical. Ils ont montré que l'effet du terme de poussée sur la structure globale de l'écoulement et sur le transfert de chaleur dépend fortement du type des nanoparticules. Ils ont remarqué que l'utilisation des nanoparticules de cuivre favorise davantage le transfert de chaleur de l'obstacle vers le fluide. Valipoor et al., (2014) ont étudié numériquement la convection forcée de l'écoulement laminaire du nanofluide (eau/Al_2O_3) autour d'un cylindre à base circulaire. Ils ont montré que le nombre de Nusselt, le coefficient de traînée, la longueur de la recirculation et le coefficient de pression augmentent au fur et à mesure que la fraction volumique des nanoparticules d'oxyde d'aluminium Al_2O_3 augmente.

Sur la base des références ci-dessus et au mieux de notre connaissance, le contrôle de l'écoulement autour d'un obstacle ayant la forme d'un cylindre à base carrée, utilisant soit des couches poreuses soit des nanoparticules dispersés dans le fluide de base (eau), n'ont pas été encore bien étudiés. Le présent travail, faisant l'objet de cette thèse, est donc une contribution de ce qui a été étudié dans la littérature concernant le contrôle de l'écoulement et du transfert de chaleur autour d'un cylindre à base carrée, moyennant soit d'une couche poreuse, soit par l'ajout des nanoparticules dans le fluide de base. Nous étudions dans un premier temps l'effet de la position, de l'épaisseur et de la porosité de la couche poreuse sur les coefficients globaux de l'écoulement à savoir le nombre de Strouhal, les coefficients de traînée et de portance. Ensuite, nous étudions l'effet de la fraction volumique des nanoparticules de cuivre sur les caractéristiques de l'écoulement et sur le transfert de chaleur.

Chapitre II

FORMULATION MATHÉMATIQUE

Chapitre II

Formulation mathématique

II.1. Introduction

Nous présentons dans ce chapitre le formalisme mathématique conduisant à la mise en équation du problème de l'écoulement convectif d'un nanofluide autour d'un cylindre à base carrée, chauffé et placé symétriquement par rapport à l'axe d'un canal horizontal. Le nanofluide est assimilé à un fluide incompressible de caractéristiques thermo-physiques particulières. L'étude est faite dans le cadre de l'approximation de Boussinesq et les équations de conservation sont écrites, pour une géométrie bidimensionnelle, dans un système de coordonnées cartésiennes et adimensionnelles.

II.2. Équations de conservation

Soit D et M respectivement un domaine de contrôle de volume ϑ et de surface Σ d'un milieu continu Ω, et une particule fluide élémentaire de D, de volume $d\vartheta$, que l'on suit dans son mouvement au cours du temps. Soit f une fonction définie et continue sur D. La dérivée particulaire de l'intégrale de f dans le domaine D est définie par :

$$\frac{d}{dt}\iiint_D f\,d\vartheta = \iiint_\vartheta \frac{\partial f}{\partial t}\,d\vartheta + \iint_\Sigma f\vec{V}\vec{n}\,d\Sigma \qquad \text{(II-1)}$$

où $\vec{V}$ et $\vec{n}$ sont respectivement la vitesse locale de la surface de contrôle et la normale sortante du volume de contrôle considéré. Par application du théorème de Green-Ostrogradsky, appelé aussi théorème de la divergence, l'équation précédente devient :

$$\frac{d}{dt}\iiint_D f\,d\vartheta = \iiint_\vartheta \left[\frac{\partial f}{\partial t} + \vec{\nabla}.(f\vec{V})\right] d\vartheta \qquad \text{(II-2)}$$

où $\vec{\nabla}$ est l'opérateur nabla. Cette relation est connue sous le nom du théorème de transport.

II.2.1. Équation de conservation de la masse

La masse d'un milieu continu situé dans un domaine D est définie par :

$$m = \iiint_D \rho \, d\vartheta \qquad (II\text{-}3)$$

S'il n'y a ni apparition, ni disparition de matière au cours du mouvement alors :

$$\frac{dm}{dt} = \frac{d}{dt}\iiint_D \rho \, d\vartheta = 0 \qquad (II\text{-}4)$$

Soit en utilisant l'équation (II-2), on obtient :

$$\iiint_\vartheta \left[\frac{\partial \rho}{\partial t} + \vec{\nabla}.(\rho \vec{V})\right] d\vartheta = 0 \qquad (II\text{-}5)$$

Cette relation étant valable quelque soit le volume ϑ, on a ainsi en tout point du domaine :

$$\frac{\partial \rho}{\partial t} + \vec{\nabla}.(\rho \vec{V}) = 0 \qquad (II\text{-}6)$$

C'est l'équation de conservation de la masse qui s'écrit pour un fluide incompressible :

$$\vec{\nabla}.\vec{V} = 0 \qquad (II\text{-}7)$$

II.2.2. Équation de conservation de la quantité de mouvement

La quantité de mouvement du fluide contenu dans un domaine D est donnée par :

$$\iiint_D \rho \vec{V} \, d\vartheta \qquad (II\text{-}8)$$

D'après la deuxième loi de Newton, la dérivée particulaire de cette quantité de mouvement est égale à la somme des forces extérieures agissantes sur lui, qu'elles soient volumiques ou de surface. Soit :

$$\frac{d}{dt}\iiint_D \rho \vec{V} d\vartheta = \iiint_\vartheta \vec{f} d\vartheta + \iint_\Sigma \vec{T} d\Sigma \qquad (II\text{-}9)$$

où $\vec{f}$ représente les forces de volume provenant de champs de forces extérieures qui s'exercent sur un élément de volume $d\vartheta$ (dans notre application $\vec{f} = \rho \vec{g}$ puisque on n'introduit que les forces de pesanteur), $\vec{T} = \bar{\bar{\sigma}}.\vec{n}$ représente les forces de surface s'exerçant sur l'élément de surface $d\Sigma$ de normale $\vec{n}$ orienté vers l'extérieur. $\bar{\bar{\sigma}}$ étant le tenseur des contraintes dont les éléments sont donnés par :

$$\sigma_{ij} = -p\, \delta_{ij} + \tau_{ij} \qquad \text{(II-10)}$$

δ_{ij} désigne le symbole de Kronecker ($\delta_{ij} = 1\ si\ i = j\ et\ \delta_{ij} = 0\ si\ i \neq j$), p la pression et τ_{ij} sont les éléments du tenseur des contraintes de viscosité du fluide, donnés sous forme indicielle et pour un fluide incompressible par :

$$\tau_{ij} = \mu(V_{i,j} + V_{j,i}) \qquad \text{(II-11)}$$

où μ est la viscosité dynamique du fluide, supposée constante dans notre étude.

En transformant l'intégrale de surface en une intégrale de volume, l'équation (II-9) donne :

$$\rho \left[\frac{\partial \vec{V}}{\partial t} + (\vec{V}.\vec{\nabla})\vec{V}\right] = -\vec{\nabla}p + \rho\vec{g} + \mu \nabla^2 \vec{V} \qquad \text{(II-12)}$$

qui est l'équation de conservation de la quantité de mouvement du fluide, écrite sous forme vectorielle.

II.2.3. Équation de conservation de l'énergie

Le principe de la conservation de l'énergie nous amène à écrire que la dérivée particulaire de l'énergie totale de la matière qui se trouve à l'instant t dans le domaine D est égale à la somme des puissances des forces extérieures et des puissances calorifiques échangées avec le milieu extérieur à D. Soit en négligeant les transferts radiatifs et en appliquant le théorème de la divergence, on obtient l'équation du bilan local suivante :

$$\rho \frac{de}{dt} = -\vec{\nabla}.\vec{q} - p\, \vec{\nabla}.\vec{V} + \bar{\bar{\tau}} : \vec{\nabla}\vec{V} \qquad \text{(II-13)}$$

où :

- e est l'énergie interne massique
- $(-\vec{\nabla}.\vec{q})$ est la densité du flux de chaleur échangé par conduction avec le milieu extérieur avec $\vec{q} = -k\vec{\nabla}T$, k étant la conductivité thermique de la matière, supposée constante.
- $(-p\,\vec{\nabla}.\vec{V})$ est la puissance des forces de pression
- $(\bar{\bar{\tau}}:\vec{\nabla}\vec{V})$ est la puissance des forces de viscosité.

En utilisant l'équation de continuité et en introduisant la fonction enthalpie massique $h = e + \frac{p}{\rho}$, l'équation de conservation de l'énergie devient :

$$\rho \frac{dh}{dt} = \frac{dp}{dt} - \vec{\nabla}.\vec{q} + \bar{\bar{\tau}}:\vec{\nabla}\vec{V} \qquad \text{(II-14)}$$

En exprimant l'enthalpie en fonction de la pression et de la température, on obtient :

$$\frac{dh}{dt} = \frac{\partial h}{\partial T}\frac{dT}{dt} + \frac{\partial h}{\partial p}\frac{dp}{dt} \qquad \text{(II-15)}$$

mais $\frac{\partial h}{\partial T} = C_p$, chaleur massique à pression constante et $\rho\frac{\partial h}{\partial p} = 1 - \beta T$ où $\beta = -\frac{1}{\rho}\left(\frac{\partial \rho}{\partial T}\right)_P$ est le coefficient de dilatation volumique à pression constante. L'équation de conservation de l'énergie peut donc s'écrire :

$$\rho C_p \left[\frac{\partial T}{\partial t} + \vec{V}.\vec{\nabla}T\right] = \vec{\nabla}.\left(k\vec{\nabla}T\right) + \beta T \frac{dp}{dt} + \bar{\bar{\tau}}:\vec{\nabla}\vec{V} \qquad \text{(II-16)}$$

II.3. Approximation de Boussinesq

Cette approximation, attribuée à Boussinesq (1903), consiste à supposer que les propriétés thermo physiques du fluide sont indépendantes de la température excepté la masse volumique intervenant dans le terme de poussée d'Archimède. Elle est approximée par la loi linéaire suivante :

$$\rho = \rho_0[1 - \beta(T - T_0)] \qquad \text{(II-17)}$$

où ρ_0 et T_0 sont respectivement la masse volumique et la température de référence du fluide. On notera que l'hypothèse de Boussinesq est valable pour de nombreux problèmes de convection tant que l'écart de température maximal dans le fluide reste inferieur à 20 ou 30°C. En outre, avec cette hypothèse, la puissance volumique liée aux variations de pression ($\beta T \frac{dp}{dt}$) et la puissance des forces de viscosité ($\bar{\bar{\tau}} : \vec{\nabla}\vec{V}$) intervenant dans l'équation de l'énergie sont négligeables devant le terme diffusif ($\vec{\nabla}.(k\vec{\nabla}T)$) (Tritton, (1988)).

II.4. Description du modèle physique

Le modèle physique à étudier est représenté sur la figure II-1. Il s'agit de l'écoulement laminaire, bidimensionnel, d'un nanofluide supposé incompressible, autour d'un cylindre à base carrée, placé symétriquement par rapport à l'axe d'un canal horizontal. Le blocage est fixé à $h'/H = 1/4$. Les faces verticales de l'obstacle sont situées respectivement à une distance $10h'$ par rapport à l'entrée du canal et à une distance $15h'$ par rapport à la sortie du canal. Ces distances sont recommandées par Sohankar et al., (1998) et vérifiées par Turki et al., (2003b).

En tenant compte de l'approximation de Boussinesq, les équations (II-7), (II-13) et (II-16), s'écrivent dans le système de coordonnées cartésiennes représenté sur la figure II-1 :

$$\frac{\partial u}{\partial x} + \frac{\partial v}{\partial y} = 0 \qquad \text{(II-18)}$$

$$\rho_{nf}\left(\frac{\partial u}{\partial t} + u\frac{\partial u}{\partial x} + v\frac{\partial u}{\partial y}\right) = -\frac{\partial p}{\partial x} + \mu_{nf}\left(\frac{\partial^2 u}{\partial x^2} + \frac{\partial^2 u}{\partial y^2}\right) \qquad \text{(II-19)}$$

$$\rho_{nf}\left(\frac{\partial v}{\partial t} + u\frac{\partial v}{\partial x} + v\frac{\partial v}{\partial y}\right) = -\frac{\partial p}{\partial y} + \mu_{nf}\left(\frac{\partial^2 v}{\partial x^2} + \frac{\partial^2 v}{\partial y^2}\right) + (\rho\beta)_{nf}g(T - T_0) \qquad \text{(II-20)}$$

$$(\rho C_p)_{nf}\left(\frac{\partial T}{\partial t} + u\frac{\partial T}{\partial x} + v\frac{\partial T}{\partial y}\right) = k_{nf}\left(\frac{\partial^2 T}{\partial x^2} + \frac{\partial^2 T}{\partial y^2}\right) \qquad \text{(II-21)}$$

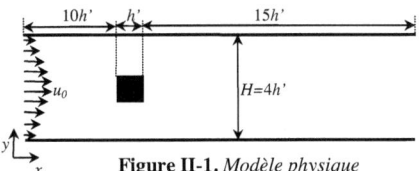

Figure II-1. *Modèle physique*

Dans les équations (II-19) - (II-21), la viscosité dynamique du nanofluide est définie par (Brinkman 1952) :

$$\mu_{nf} = \frac{\mu_f}{(1-\varphi)^{2.5}} \qquad (II-22)$$

où φ est la fraction volumique des nanoparticules dans le fluide de base.

La conductivité thermique k_{nf} du nanofluide est approximée par le modèle de Maxwell–Garnetts (Khanafer et al., 2003):

$$\frac{k_{nf}}{k_f} = \frac{k_{np}+2k_f-2\varphi(k_f-k_{np})}{k_{np}+2k_f+\varphi(k_f-k_{np})} \qquad (II-23)$$

La masse volumique ρ_{nf} et la capacité calorifique $(\rho C_p)_{nf}$ du nanofluide sont données d'après Xuan et al., (2003a) par les expressions :

$$\rho_{nf} = (1-\varphi)\rho_f + \varphi\rho_{np} \qquad (II-24)$$

$$(\rho C_p)_{nf} = (1-\varphi)(\rho C_p)_f + \varphi(\rho C_p)_{np} \qquad (II-25)$$

Le coefficient d'expansion thermique $(\rho\beta)_{nf}$ du nanofluide est exprimé par :

$$(\rho\beta)_{nf} = \varphi(\rho\beta)_{np} + (1-\varphi)(\rho\beta)_f \qquad (II-26)$$

Notons que le changement de ces paramètres physiques, dû à l'ajout des nanoparticules dans le fluide de base est prédit avec une pondération statistique et que les indices f, np et nf, figurant dans les équations (II-22)-(II-26) indiquent le fluide de base, les nanoparticules et le nanofluide respectivement.

Les conditions aux limites sont :

- à l'entrée du canal : $u = \frac{y}{h'}(1 - \frac{y}{4h'})u_0, v = 0, T = T_f = T_0$
- à la sortie du canal : nous avons utilisé la condition aux limite de type convective (CBC), donnée par $\frac{\partial \emptyset}{\partial t} + u_m \frac{\partial \emptyset}{\partial x} = 0$ avec $\emptyset = u, v$ ou T et u_m est la vitesse moyenne à l'entrée du canal.
- sur les parois du canal : $u = v = 0$ et $\frac{\partial T}{\partial y} = 0$
- dans l'obstacle : $u = v = 0$ et $T = T_c$

II.5. Équations adimensionnelles du problème

Les équations de conservation précédentes peuvent s'écrire sous formes adimensionnelles faisant apparaître une série de groupements sans dimensions régissant le phénomène physique. Ceci a pour intérêt de faciliter l'étude du problème en réduisant le nombre de paramètres à considérer.

En introduisant les grandeurs adimensionnelles suivantes :

$$X = \frac{x}{h'}, Y = \frac{y}{h'}, U = \frac{u}{u_0}, V = \frac{v}{u_0}, P = \frac{p}{\rho_f u^2}, \tau = \frac{tu_0}{h'} \text{ et } \theta = \frac{T-T_f}{T_c-T_f} \qquad \text{(II-27)}$$

Les équations (II-19)-(II-21) s'écrivent sous formes conservatives suivantes :

$$div(V) = 0 \qquad (\text{II-28})$$

$$\frac{\partial u}{\partial \tau} + div(J_u) = -\frac{\rho_f}{\rho_{nf}}\frac{\partial P}{\partial X}, \qquad J_u = uV - \frac{1}{Re}\frac{\mu_{nf}}{\mu_f}\frac{\rho_f}{\rho_{nf}}\boldsymbol{grad}(u) \quad (\text{II-29})$$

$$\frac{\partial v}{\partial \tau} + div(J_v) = -\frac{\rho_f}{\rho_{nf}}\frac{\partial P}{\partial Y} + \frac{(\rho\beta)_{nf}}{\rho_{nf}\beta_f}Ri\theta, \; J_v = vV - \frac{1}{Re}\frac{\mu_{nf}}{\mu_f}\frac{\rho_f}{\rho_{nf}}\boldsymbol{grad}(v) \quad (\text{II-30})$$

$$\frac{\partial \theta}{\partial \tau} + div(J_\theta) = 0, \qquad J_\theta = \theta V - \frac{1}{Re.Pr}\frac{\alpha_{nf}}{\alpha_f}\boldsymbol{grad}(\theta) \quad (\text{II-31})$$

Les paramètres adimensionnels définis par :

$Re = \frac{\rho_f u_0 h'}{\mu_f}$, $Ri = \frac{g\beta_f h'^3 (T_c - T_f)}{v_f^2 R_e^2}$ et $Pr = \frac{v_f}{\alpha_f}$ sont respectivement les nombres de Reynolds, de Richardson et de Prandtl du fluide de base.

Les conditions aux limites s'écrivent sous formes adimensionnelles :

- à l'entrée du canal : $U = Y(1 - \frac{Y}{4}), V = 0, \theta = 1$
- à la sortie du canal : $\frac{\partial \emptyset}{\partial \tau} + \frac{2}{3}\frac{\partial \emptyset}{\partial X} = 0$ avec $\emptyset = U, V$ ou θ
- sur les parois du canal : $U = V = 0$ et $\frac{\partial \theta}{\partial Y} = 0$
- dans l'obstacle : $U = V = 0$ et $\theta = 1$

II.6. Coefficients de frottement

II.6.1. Coefficient de Traînée

L'expression du coefficient de traînée est donnée par :

$$Cd = \frac{F_x}{\frac{1}{2}\rho_{nf} u_0^2 h'} \qquad (\text{II-32})$$

où F_x est la composante selon (ox) de la résultante des forces de frottements exercées sur la surface de l'obstacle. Elle est donnée par l'expression suivante :

$$F_x = F_x^p + F_x^\mu \qquad (\text{II-33})$$

où F_x^p et F_x^μ sont respectivement les forces de frottements dues à la pression et à la viscosité ayant pour expressions :

$$F_x^p = -\int_\Gamma n_x p\, dl \qquad \text{(II-34)}$$

$$F_x^\mu = \mu_{nf} \int_\Gamma \left[\left(2n_x \frac{\partial u}{\partial x}\right) + n_y\left(\frac{\partial u}{\partial y} + \frac{\partial v}{\partial x}\right)\right] dl \qquad \text{(II-35)}$$

n_x, n_y et dl sont respectivement les composantes suivants les axes (Ox) et (Oy) de la normale sortante en un point de la frontière (Γ) de l'obstacle et l'élément de longueur de (Γ).

La moyenne du coefficient de traînée dans le temps est définie par l'expression suivante :

$$<Cd> = \frac{1}{\tau_2 - \tau_1} \int_{\tau_1}^{\tau_2} C_d\, d\tau \qquad \text{(II-36)}$$

II.6.2. Coefficient de Portance

L'expression du coefficient de portance est donnée par :

$$Cl = \frac{F_y}{\frac{1}{2}\rho_{nf} u_0^2 h'} \qquad \text{(II-37)}$$

où F_y est la composante selon (oy) de la résultante des forces de frottements exercées sur la surface de l'obstacle. Elle est donnée par l'expression suivante :

$$F_y = F_y^p + F_y^\mu \qquad \text{(II-38)}$$

où F_y^p et F_y^μ sont respectivement les forces de frottements dues à la pression et à la viscosité ayant pour expressions :

$$F_y^p = -\int_\Gamma n_y p\, dl \qquad \text{(II-39)}$$

$$F_y^\mu = \mu_{nf} \int_\Gamma \left[\left(2n_y \frac{\partial v}{\partial y}\right) + n_x\left(\frac{\partial u}{\partial y} + \frac{\partial v}{\partial x}\right)\right] dl \qquad \text{(II-40)}$$

n_x, n_y et dl sont respectivement les composantes suivants les axes (Ox) et (Oy) de la normale sortante en un point de la frontière (Γ) de l'obstacle et l'élément de longueur de (Γ). Notons que la moyenne dans le temps du coefficient de portance est nulle.

II.7. Transfert de chaleur

La quantification du transfert de chaleur de l'une des parois de l'obstacle est caractérisée par le nombre de Nusselt. Ce nombre adimensionnel représente le rapport du flux thermique convectif sur le flux thermique de conduction lorsque le fluide est au repos. Soit pour le nombre de Nusselt local:

$$Nu = \frac{Q_{conv}}{Q_{cond}} \qquad (\text{II-41})$$

Le flux thermique convectif entre l'une des parois de l'obstacle et le nanofluide en mouvement est donné par la loi de Newton suivante :

$$Q_{conv} = h_{cv} S \Delta T \qquad (\text{II-42})$$

où h_{cv} représente le coefficient d'échange par convection du nanofluide.

Le flux thermique de conduction lorsque le fluide est au repos est donnée par la loi de Fourier suivante :

$$Q_{cond} = k_f S \frac{\Delta T}{h'} \qquad (\text{II-43})$$

Dans cette expression, nous avons choisi le fluide de base afin de prédire l'effet de la fraction volumique des nanoparticules sur les performances de transfert de chaleur de nanofluide.

En tenant compte de ces expressions, le nombre de Nusselt local devient :

$$Nu = \frac{h_{cv} h'}{k_f} \qquad (\text{II-44})$$

Lorsque le nanofluide est en mouvement, la conservation du flux de chaleur en un point M de la surface de l'obstacle permet d'écrire :

$$h_{cv} \Delta T = -k_{nf} \left(\frac{\partial T}{\partial n}\right)_M \qquad (\text{II-45})$$

où n désigne la direction normale en M à la surface de l'obstacle. Ce qui donne :

$$h_{cv} = -\frac{k_{nf}}{\Delta T} \left(\frac{\partial T}{\partial n}\right)_M \qquad (\text{II-46})$$

que l'on remplace dans l'équation (II-44), on obtient :

$$Nu = -\frac{k_{nf}}{k_f (T_C - T_F)} h' \left(\frac{\partial T}{\partial n}\right)_M \qquad (\text{II-47})$$

Soit en fonction des variables adimensionnelles :

$$Nu = -\frac{k_{nf}}{k_f}\left(\frac{\partial \theta}{\partial N}\right)_M \qquad \text{(II-48)}$$

Le nombre de Nusselt moyen, noté $\overline{Nu}$ caractérise le flux de chaleur traversant la surface de l'obstacle. Son expression est donnée par :

Pour les parois verticales de l'obstacle :

$$\overline{Nu} = \int_0^1 -\frac{k_{nf}}{k_f}\left(\frac{\partial \theta}{\partial X}\right)dY \qquad \text{(II-49)}$$

Pour les parois horizontales de l'obstacle :

$$\overline{Nu} = \int_0^1 -\frac{k_{nf}}{k_f}\left(\frac{\partial \theta}{\partial Y}\right)dX \qquad \text{(II-50)}$$

La valeur moyenne de ce nombre adimensionnel pendant un intervalle de temps est défini par :

$$\langle \overline{Nu} \rangle = \frac{1}{\tau_2 - \tau_1}\int_{\tau_1}^{\tau_2} \overline{Nu}\, dt \qquad \text{(II-51)}$$

Ainsi, le flux de chaleur traversant la surface totale de l'obstacle est défini par :

$$\langle \overline{Nu_t} \rangle = \{\Sigma_{faces}\langle \overline{Nu} \rangle\}/4 \qquad \text{(II-52)}$$

II.8. Conclusion

Dans ce chapitre, nous avons exposé la formulation mathématique du problème physique à étudier en développant les équations de conservation régissant l'écoulement d'un nanofluide autour d'un cylindre à base carrée, chauffé et placé dans un canal horizontal à parois adiabatiques.

Chapitre III

MÉTHODE NUMÉRIQUE

Chapitre III

Méthode numérique

III.1. Introduction

La simulation numérique s'est considérablement développée au cours des vingt dernières années et avec, il est apparu un large choix de méthodes numériques à tel point que ces méthodes sont devenues un sujet de recherche à part entière. En effet, le pré-requis fondamental d'une méthode numérique réside dans sa capacité à fournir des calculs réalistes et précis. Ainsi, il faut adapter la méthode aux phénomènes physiques que l'on souhaite simuler.

Dans notre cas, le problème posé est essentiellement un problème de dynamique des fluides et de transferts de chaleur. Je commencerai dans ce chapitre par décrire brièvement les différentes méthodes numériques utilisées en physique, puis je présenterai en détail la méthode de volumes finis, adoptée pour discrétiser les équations de conservation développées au chapitre précédent.

III.2. Les méthodes numériques

III.2.1 Méthode des différences finies

C'est la plus ancienne méthode utilisée pour résoudre les équations aux dérivées partielles dans des configurations géométriques simples. Elle consiste à remplacer les opérateurs aux dérivées partielles par des opérateurs de discrétisation en se basant sur un développement en série de Taylor. Un des avantages majeurs de cette méthode est sa simplicité, ce qui permet de traiter facilement une grande variété de problème. De plus, on peut assez simplement obtenir une précision accrue sur les opérateurs de différentiations spatiales, sous certaines conditions de régularité de la solution. Cependant, il existe des cas pour lesquels les opérateurs différences finies ne donnent pas les résultats physiques auxquels on pourrait s'attendre. Par exemples l'existence de discontinuité ou de fort gradient peut engendrer de fortes erreurs dans les formules de différences finies et peuvent notamment donner lieu à des oscillations des variables du problème, ce qui dégrade fortement la convergence de cette méthode. D'autre part, cette méthode ne tient pas compte à priori de l'existence des lois de conservation, la masse ou l'énergie totale ne sont en principe pas conservées dans les schémas aux différences finies.

III.2.2 Méthode des éléments finis

La méthode des éléments finis est un outil bien maîtrisé actuellement, tant d'un point de vue recherche et développement que d'un point de vue utilisation dans l'industrie. C'est une méthode robuste qui a fait ses preuves et qui consiste à résoudre le problème par des solutions analytiques en s'appuyant sur une formulation variationnelle de l'équation aux dérivées partielles. Elle s'adapte aux problèmes de géométrie complexe et a montré une grande efficacité en mécanique des solides et dans les problèmes régis par des équations de diffusion. Malheureusement, elle n'est pas bien adaptée à la résolution numérique d'équations non linéaires comme celles des problèmes de convection en mécanique des fluides parce qu'il n'existe pas de formulation variationnelle pour toute équation aux dérivées partielles.

III.2.3 Méthodes spectrales

Ce sont des méthodes d'ordre élevé pour la résolution numérique des équations aux dérivées partielles. Ces méthodes, qui reposent sur un développement polynomial de la solution, sont très efficaces pour la résolution de problèmes dont la solution est régulière. Couplées à une méthode de décomposition de domaine, les méthodes spectrales sont performantes, même dans des géométries compliquées. La précision élevée des opérateurs spatiaux rendent ces méthodes très peu dissipatives et permet de diminuer de manière sensible la dissipation numérique dans le schéma d'intégration. Pour ces raisons, les méthodes spectrales ont été utilisées depuis longtemps en mécanique des fluides et plus particulièrement l'étude de la turbulence en 3D. Cependant, l'utilisation de ces méthodes pour les problèmes possédant des singularités par exemple peut engendrer des oscillations numériques, ce qui rend la convergence difficile à atteindre. De plus, elle est plus couteuse en temps de calcul que les méthodes précédentes.

III.2.4 Méthode des volumes finis

La méthode des volumes finis est une méthode semi-intégrale qui consiste à intégrer l'équation considérée sur un volume de contrôle entourant le point de calcul et à évaluer les différentes variables non situées sur le maillage de calcul par des interpolations adéquates. Pour plus de simplicité et de gain de temps de calcul, les interpolations linéaires sont souhaitables. Un ordre plus élevé conduirait à des systèmes d'équations algébriques dont les matrices seraient plus difficiles à traiter et coûterait donc plus cher en temps machine. La réduction de l'ordre de dérivation est un avantage par rapport aux méthodes spectrales qui restent néanmoins plus précises.

La méthode des volumes finis a l'avantage d'être mise en œuvre facilement que la méthode des éléments finis bien que cette dernière prend facilement en compte des limites de formes complexes. C'est une méthode intégrale et nécessite la seule connaissance des variables sur le contour de l'élément. En conséquence, les équations intégrées expriment la conservation exacte de la masse, de la quantité de mouvement et de l'énergie de la même manière que les équations aux dérivées partielles de départ, valides pour tout élément infinitésimal, tout en ne nécessitant qu'un nombre fini d'éléments d'intégration. Une conséquence directe de ceci est l'utilisation de maillages plus grossiers que pour une méthode de différence finie classique. Cependant, la propriété conservative n'est pas parfaitement vérifiée lorsqu'il y a un terme de source dépendant de l'une des variables du problème dans l'équation à discrétiser ; la masse se trouve donc exactement conservée, l'énergie aussi à condition que la dissipation visqueuse soit négligeable. De plus, un des inconvénients majeurs de cette méthode réside dans la diffusion numérique notamment dans les problèmes fortement convectifs.

III.2.5 Méthode des volumes finis à base d'éléments finis

Cette méthode est utilisée spécialement en mécanique des fluides et de transferts thermiques pour résoudre les équations aux dérivées partielles dans des configurations géométriques complexes. Son attrait principal réside dans le fait qu'elle vérifie les lois de conservation et utilise un maillage flexible permettant d'étudier les problèmes physiques dans des géométries complexes. C'est donc une méthode qui combine celle des éléments finis dans la flexibilité du maillage et celle des volumes finis basée sur les principes de conservation des grandeurs physiques. La formulation de cette méthode comprend quatre étapes fondamentales: (1) subdiviser le domaine de calcul en des éléments triangulaires ; (2) choisir des fonctions d'interpolation convenables afin d'évaluer les variables dépendantes dans les éléments triangulaires ; (3) discrétiser les équations de conservation par intégration dans le volume de contrôle et (4) choisir une procédure de calcul pour résoudre les équations discrétisées.

Bien que les avantages que présente cette méthode dans la flexibilité du maillage et la performance de calcul à l'égard de la stabilité pour les écoulements fortement convectifs, elle est cependant plus lourde du point de vu programmation ce qui nécessite un temps de calcul plus élevé par rapport aux autres méthodes.

III.2.6 Méthode de Boltzmann sur réseau

La méthode de Boltzmann sur réseau (LBM) est une méthode numérique relativement nouvelle par rapport aux approches classiques utilisées en simulation numérique. Elle est basée sur le formalisme de la physique statistique. Contrairement aux approches classiques basées sur la discrétisation des équations de Navier-Stokes, la LBM permet la résolution numérique de l'équation de Boltzmann qui s'intéresse, non plus aux quantités macroscopiques (vitesse, pression, densité), mais directement à la répartition des différentes particules constituant un fluide. On parle alors de représentation mésoscopique. La comparaison de cette méthode aux méthodes traditionnelles montre des avantages qui résident dans la manipulation efficace des géométries complexes, la haute performance de calcul à l'égard de la stabilité et des erreurs numériques, le parallélisme de son algorithme, la simplicité de la programmation, l'implémentation simple et efficace pour le calcul parallèle et la manipulation explicite des différentes conditions aux limites. Un autre avantage de cette méthode c'est que le temps de calcul est indépendant du nombre de Reynolds de l'écoulement (ceci qui est un problème quant on résout directement les équations de Navier-Stokes pour des écoulements à grand nombre de Reynolds). À contrario, cette méthode connaît des difficultés pour simuler des écoulements à très grande vitesse.

Dans la suite de ce chapitre, nous allons présenter la méthode de volumes finis afin de résoudre les équations de quantité de mouvement et de l'énergie. Cette méthode est décrite par Patankar (1980) et basée sur les principes de conservation des grandeurs physiques.

III.3. Maillage utilisé

Lorsque les variables primitives (U, V, P) du problème à résoudre numériquement sont calculées en un même point, la convergence s'avère très difficile à atteindre à cause des oscillations numériques, en particulier pour les écoulements à hauts nombres de Reynolds. Pour surmonter ce problème, Patankar (1980) a proposé pour le traitement des équations couplées de la mécanique des fluides (ou de la convection thermique) l'utilisation de plusieurs grilles enchevêtrées les unes dans les autres, chacune d'entre elles étant spécifique à une ou plusieurs variables du problème. Cette procédure a pour but d'assurer le couplage numérique entre une variable trop fluctuante et sensible, telle que la pression et la vitesse. Avec cette stratégie, on évite d'une part l'interpolation de la pression dans les équations du mouvement et, d'autre part, l'interpolation des composantes de la vitesse dans les équations de l'énergie et de la pression.

On utilisera une grille dite standard dont les frontières coïncident avec celles du domaine physique et une autre grille décalée par rapport à cette dernière, construite en intercalant un point de la grille décalée au milieu de deux points de la grille standard (Fig. III-1). Turki (1991) a montré que cette configuration de maillage décalé donne des résultats plus précis. Une exception est faite pour les frontières où l'on fera coïncider la grille décalée (X_d, Y_d) avec la grille standard (X, Y).

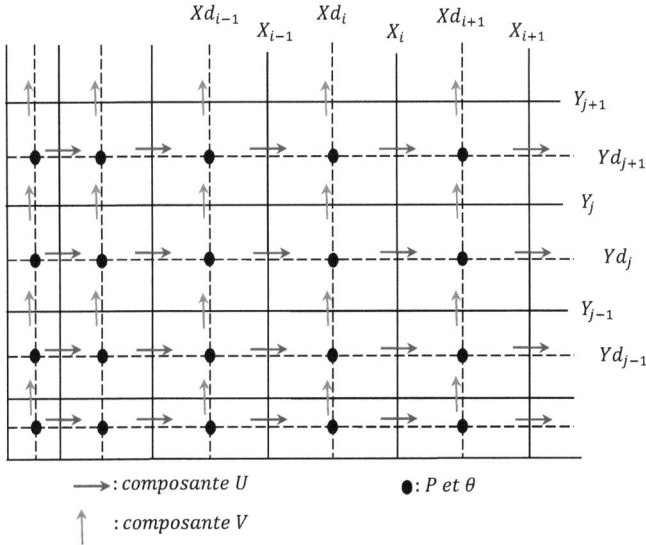

Figure III-1. *Maillage du domaine*

Les coordonnées des variables du problème sont :

$$P(X_d, Y_d) \; ; \; \theta(X_d, Y_d) \; ; \; U(X, Y_d) \; ; \; V(X_d, Y)$$

Les pas d'espaces sont définis par les expressions suivantes :

$$\Delta X_i = X_i - X_{i-1} \qquad \Delta X d_i = X d_{i+1} - X d_i$$
$$\Delta Y_j = Y_j - Y_{j-1} \qquad \Delta Y d_j = Y d_{j+1} - Y d_j$$

III.4. Discrétisation des équations

Les équations de continuité, du mouvement et de l'énergie peuvent être mises sous la forme générale suivante :

$$\frac{\partial \emptyset}{\partial \tau} + \frac{\partial J_X}{\partial X} + \frac{\partial J_Y}{\partial Y} = S_\emptyset \qquad (\text{III-1})$$

$S_\emptyset$ est le terme source, J_X et J_Y sont les flux de convection-diffusion dans les directions (OX) et (OY). Leurs expressions sont données dans le tableau III-1 suivant :

Tableau III-1. *Forme générale des équations*

	$\emptyset$	J_X	J_Y	$S_\emptyset$
Equation de continuité	0	U	V	0
Equation du mouvement suivant X	U	$UU - \dfrac{1}{Re}\dfrac{\mu_{nf}}{\mu_f}\dfrac{\rho_f}{\rho_{nf}}\dfrac{\partial U}{\partial X}$	$UV - \dfrac{1}{Re}\dfrac{\mu_{nf}}{\mu_f}\dfrac{\rho_f}{\rho_{nf}}\dfrac{\partial U}{\partial Y}$	$-\dfrac{\rho_f}{\rho_{nf}}\dfrac{\partial P}{\partial X}$
Equation du mouvement suivant Y	V	$UV - \dfrac{1}{Re}\dfrac{\mu_{nf}}{\mu_f}\dfrac{\rho_f}{\rho_{nf}}\dfrac{\partial V}{\partial X}$	$VV - \dfrac{1}{Re}\dfrac{\mu_{nf}}{\mu_f}\dfrac{\rho_f}{\rho_{nf}}\dfrac{\partial V}{\partial Y}$	$-\dfrac{\rho_f}{\rho_{nf}}\dfrac{\partial P}{\partial Y} + \dfrac{(\rho\beta)_{nf}}{\rho_{nf}\beta_f} Ri\, \theta$
Equation de l'énergie	θ	$U\theta - \dfrac{1}{Re.Pr}\dfrac{\alpha_{nf}}{\alpha_f}\dfrac{\partial \theta}{\partial X}$	$V\theta - \dfrac{1}{Re.Pr}\dfrac{\alpha_{nf}}{\alpha_f}\dfrac{\partial V}{\partial Y}$	0

III.4.1 Équation du mouvement suivant (OX)

L'intégration de l'équation du mouvement suivant la direction des abscisses à l'intérieur du volume de contrôle relatif à la composante U (Fig. III.2) donne :

$$\int_t^{t+dt}\int_w^e\int_s^n \left(\frac{\partial U}{\partial \tau} + \frac{\partial J_X}{\partial X} + \frac{\partial J_Y}{\partial Y}\right) d\tau\, dX\, dY = \int_t^{t+dt}\int_w^e\int_s^n S_u\, d\tau\, dX\, dY \qquad \text{(III-2)}$$

Soit :

$$U_p \frac{\Delta X d_i \Delta Y_j}{\Delta \tau} + (J_{Xe} - J_{Xw})\Delta Y_j + (J_{Yn} - J_{Ys})\Delta X d_i = S'_u \qquad \text{(III-3)}$$

avec : $S'_u = U_p^0 \dfrac{\Delta X d_i \Delta Y_j}{\Delta \tau} - \dfrac{\rho_f}{\rho_{nf}}(P_e - P_w)\Delta Y_j$ \qquad (III-4)

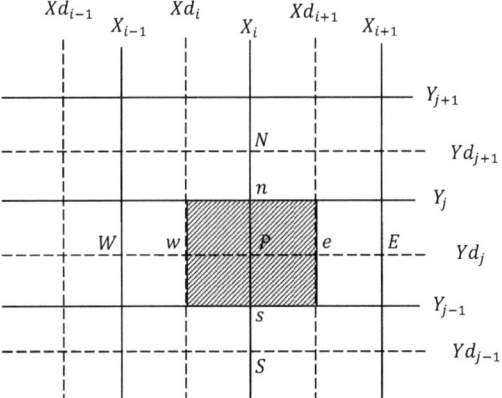

Figure III-2. Volume de contrôle pour la composante U

U_p^0 est la composante de la vitesse calculée au temps t.

Remplaçons J_X et J_Y par leurs expressions (Tableau III-1), on obtient :

$$U_p \frac{\Delta Xd_i \Delta Y_j}{\Delta \tau} + \left(U_e^0 U_e - \frac{1}{Re}\frac{\mu_{nf}}{\mu_f}\frac{\rho_f}{\rho_{nf}}\frac{\partial U}{\partial X}\Big|_e\right)\Delta Y_j - \left(U_w^0 U_w - \frac{1}{Re}\frac{\mu_{nf}}{\mu_f}\frac{\rho_f}{\rho_{nf}}\frac{\partial U}{\partial X}\Big|_w\right)\Delta Y_j + \left(V_n^0 U_n - \frac{1}{Re}\frac{\mu_{nf}}{\mu_f}\frac{\rho_f}{\rho_{nf}}\frac{\partial U}{\partial Y}\Big|_n\right)\Delta Xd_i - \left(V_s^0 U_s - \frac{1}{Re}\frac{\mu_{nf}}{\mu_f}\frac{\rho_f}{\rho_{nf}}\frac{\partial U}{\partial Y}\Big|_s\right)\Delta Xd_i = S'_u \quad \text{(III-5)}$$

En évaluant les dérivées premières de U sur les facettes du volume de contrôle, par application d'un schéma centré d'ordre deux, on obtient :

$$U_p \frac{\Delta Xd_i \Delta Y_j}{\Delta \tau} + \left(U_e^0 U_e - \frac{1}{Re}\frac{\mu_{nf}}{\mu_f}\frac{\rho_f}{\rho_{nf}}\frac{U_E - U_P}{\Delta X_{i+1}}\right)\Delta Y_j - \left(U_w^0 U_w - \frac{1}{Re}\frac{\mu_{nf}}{\mu_f}\frac{\rho_f}{\rho_{nf}}\frac{U_P - U_W}{\Delta X_i}\right)\Delta Y_j + \left(V_n^0 U_n - \frac{1}{Re}\frac{\mu_{nf}}{\mu_f}\frac{\rho_f}{\rho_{nf}}\frac{U_N - U_P}{\Delta Y d_j}\right)\Delta Xd_i - \left(V_s^0 U_s - \frac{1}{Re}\frac{\mu_{nf}}{\mu_f}\frac{\rho_f}{\rho_{nf}}\frac{U_P - U_S}{\Delta Y d_{j-1}}\right)\Delta Xd_i = S'_u \quad \text{(III-6)}$$

En approximant les vitesses aux interfaces des volumes de contrôle par les relations :

$$U_e = \frac{1}{2}(U_E + U_P) \; ; \; U_w = \frac{1}{2}(U_W + U_P) \quad \text{(III-7)}$$

$$U_n = U_p + \frac{\Delta Y_j}{2\,\Delta Y d_j}(U_N - U_P) \; ; \; U_s = U_p + \frac{\Delta Y_j}{2\,\Delta Y d_{j-1}}(U_S - U_P) \quad \text{(III-8)}$$

L'équation (III-6) devient :

$$U_P \frac{\Delta X d_i \Delta Y_j}{\Delta \tau} + \left\{ U_e^0 \frac{U_E + U_P}{2} - \frac{1}{Re} \frac{\mu_{nf}}{\mu_f} \frac{\rho_f}{\rho_{nf}} \frac{U_E - U_P}{\Delta X_{i+1}} \right\} \Delta Y_j - \left\{ U_w^0 \frac{U_W + U_P}{2} - \frac{1}{Re} \frac{\mu_{nf}}{\mu_f} \frac{\rho_f}{\rho_{nf}} \frac{U_P - U_W}{\Delta X_i} \right\} \Delta Y_j +$$

$$\left\{ V_n^0 \left[\frac{\Delta Y_j}{2 \Delta Y d_j} (U_N - U_P) + U_P \right] - \frac{1}{Re} \frac{\mu_{nf}}{\mu_f} \frac{\rho_f}{\rho_{nf}} \frac{U_N - U_P}{\Delta Y d_j} \right\} \Delta X d_i - \left\{ V_s^0 \left[\frac{\Delta Y_j}{2 \Delta Y d_{j-1}} (U_S - U_P) + U_P \right] - \right.$$

$$\left. \frac{1}{Re} \frac{\mu_{nf}}{\mu_f} \frac{\rho_f}{\rho_{nf}} \frac{U_P - U_S}{\Delta Y d_{j-1}} \right\} \Delta X d_i = S'_u \qquad \text{(III-9)}$$

L'intégration de l'équation de continuité à l'intérieur du volume de contrôle conduit à :

$$(U_e^0 - U_w^0) \Delta Y_j + (V_n^0 - V_s^0) \Delta X d_i = 0 \qquad \text{(III-10)}$$

La somme de l'équation (III-9) et du produit de l'équation (III-10) par $(-U_P)$ donne :

$$U_P \frac{\Delta X d_i \Delta Y_j}{\Delta \tau} + \left\{ \left(\frac{U_e^0}{2} - \frac{\frac{1}{Re} \frac{\mu_{nf}}{\mu_f} \frac{\rho_f}{\rho_{nf}}}{\Delta X_{i+1}} \right) (U_E - U_P) \right\} \Delta Y_j -$$

$$\left\{ \left(\frac{U_w^0}{2} + \frac{\frac{1}{Re} \frac{\mu_{nf}}{\mu_f} \frac{\rho_f}{\rho_{nf}}}{\Delta X_i} \right) (U_W - U_P) \right\} \Delta Y_j +$$

$$\left\{ \left(\frac{V_n^0}{2} \frac{\Delta Y_j}{\Delta Y d_j} - \frac{\frac{1}{Re} \frac{\mu_{nf}}{\mu_f} \frac{\rho_f}{\rho_{nf}}}{\Delta Y d_j} \right) (U_N - U_P) \right\} \Delta X d_i -$$

$$\left\{ \left(\frac{V_s^0}{2} \frac{\Delta Y_j}{\Delta Y d_{j-1}} + \frac{\frac{1}{Re} \frac{\mu_{nf}}{\mu_f} \frac{\rho_f}{\rho_{nf}}}{\Delta Y d_{j-1}} \right) (U_S - U_P) \right\} \Delta X d_i = S'_u \qquad \text{(III-11)}$$

On pose :

$$D_e = \frac{1}{Re} \frac{\mu_{nf}}{\mu_f} \frac{\rho_f}{\rho_{nf}} \frac{\Delta Y_j}{\Delta X_{i+1}} \quad ; F_e = U_e^0 \Delta Y_j \qquad \text{(III-12a)}$$

$$D_w = \frac{1}{Re} \frac{\mu_{nf}}{\mu_f} \frac{\rho_f}{\rho_{nf}} \frac{\Delta Y_j}{\Delta X_i} \quad ; F_w = U_w^0 \Delta Y_j \qquad \text{(III-12b)}$$

$$D_n = \frac{1}{Re} \frac{\mu_{nf}}{\mu_f} \frac{\rho_f}{\rho_{nf}} \frac{\Delta X d_i}{\Delta Y d_j} \quad ; F_n = V_n^0 \frac{\Delta Y_j}{\Delta Y d_j} \Delta X d_i \qquad \text{(III-12c)}$$

$$D_s = \frac{1}{Re} \frac{\mu_{nf}}{\mu_f} \frac{\rho_f}{\rho_{nf}} \frac{\Delta X d_i}{\Delta Y d_{j-1}} \quad ; F_s = V_s^0 \frac{\Delta Y_j}{\Delta Y d_{j-1}} \Delta X d_i \qquad \text{(III-12d)}$$

L'équation (III-11) devient :

$$a_P U_P = a_E U_E + a_W U_W + a_N U_N + a_S U_S + S_u \qquad \text{(III-13)}$$

avec :

$$a_E = D_e - \frac{F_e}{2}\;;\; a_W = D_W + \frac{F_w}{2}\;;\; a_N = D_n - \frac{F_n}{2}\;;\; a_S = D_s + \frac{F_s}{2} \qquad \text{(III-13a)}$$

et $a_P = \frac{\Delta X d_i \Delta Y_j}{\Delta \tau} + a_E + a_W + a_S + a_N \qquad \text{(III-13b)}$

Les composantes U^0 aux points e, w et V^0 aux points n et s sont calculés en effectuant une interpolation sur deux points, soit :

$$U_e^0 = \tfrac{1}{2}\left(U_{i,j}^0 + U_{i+1,j}^0\right)\;;\; U_w^0 = \tfrac{1}{2}\left(U_{i,j}^0 + U_{i-1,j}^0\right) \qquad \text{(III-14a)}$$

$$V_n^0 = V_{i,j}^0 + \frac{\Delta X_i}{2\,\Delta X d_i}\left(V_{i+1,j}^0 - V_{i,j}^0\right)\;;\; V_s^0 = V_{i,j-1}^0 + \frac{\Delta X_i}{2\,\Delta X d_i}\left(V_{i+1,j-1}^0 - V_{i,j-1}^0\right) \qquad \text{(III-14b)}$$

La solution de l'équation discrétisée (III-13) s'obtient en utilisant la méthode des directions alternées et les systèmes linéaires tridiagonaux sont résolus par l'algorithme de Thomas.

III.4.2 Équation du mouvement suivant (OY)

L'intégration de l'équation du mouvement suivant la direction des ordonnées à l'intérieur du volume de contrôle relatif à la composante V (Fig. III.3) donne :

$$\int_t^{t+dt}\int_w^e\int_s^n \left(\frac{\partial V}{\partial \tau} + \frac{\partial J_X}{\partial X} + \frac{\partial J_Y}{\partial Y} = S_v\right) d\tau\, dX\, dY = \int_t^{t+dt}\int_w^e\int_s^n S_v\, d\tau\, dX\, dY \qquad \text{(III-15)}$$

Soit :

$$V_p \frac{\Delta X_i \Delta Y d_j}{\Delta \tau} + (J_{Xe} - J_{Xw})\Delta Y d_j + (J_{Yn} - J_{Ys})\Delta X_i = S_v' \qquad \text{(III-16)}$$

Avec

$$S_v' = V_p^0\, \Delta X_i \Delta Y d_j \left(\frac{1}{\Delta \tau}\right) - \frac{\rho_f}{\rho_{nf}}(P_n - P_s)\Delta X_i + \frac{(\rho\beta)_{nf}}{\rho_{nf}\beta_f} Ri\,\theta_p^0 \Delta X_i \Delta Y d_j \qquad \text{(III-17)}$$

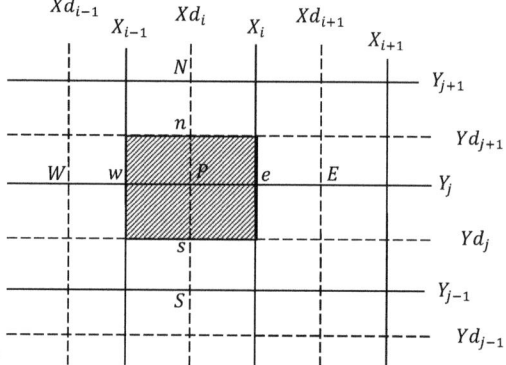

Figure III-3. *Volume de contrôle pour la composante V*

Remplaçons J_X et J_Y par leurs expressions (*Tableau III-1*), on obtient :

$$V_p \frac{\Delta X_i \Delta Y d_j}{\Delta \tau} + \left(U_e V_e - \frac{1}{Re}\frac{\mu_{nf}}{\mu_f}\frac{\rho_f}{\rho_{nf}}\frac{\partial V}{\partial X}\Big|_e\right)\Delta Y d_j - \left(U_w V_w - \frac{1}{Re}\frac{\mu_{nf}}{\mu_f}\frac{\rho_f}{\rho_{nf}}\frac{\partial V}{\partial X}\Big|_w\right)\Delta Y d_j + \left(V_n^0 V_n - \right.$$

$$\left.\frac{1}{Re}\frac{\mu_{nf}}{\mu_f}\frac{\rho_f}{\rho_{nf}}\frac{\partial V}{\partial Y}\Big|_n\right)\Delta X_i - \left(V_s^0 V_s - \frac{1}{Re}\frac{\mu_{nf}}{\mu_f}\frac{\rho_f}{\rho_{nf}}\frac{\partial V}{\partial Y}\Big|_s\right)\Delta X_i = S_v' \qquad \text{(III-18)}$$

En approximant les dérivées premières de *V* sur les facettes du volume de contrôle par un schéma centré d'ordre deux, on obtient :

$$V_p \frac{\Delta X_i \Delta Y d_j}{\Delta \tau} + \left(U_e^0 V_e - \frac{1}{Re}\frac{\mu_{nf}}{\mu_f}\frac{\rho_f}{\rho_{nf}}\frac{V_E - V_P}{\Delta X d_i}\right)\Delta Y d_j - \left(U_w^0 V_w - \frac{1}{Re}\frac{\mu_{nf}}{\mu_f}\frac{\rho_f}{\rho_{nf}}\frac{V_P - V_W}{\Delta X d_{i-1}}\right)\Delta Y d_j +$$

$$\left(V_n^0 V_n - \frac{1}{Re}\frac{\mu_{nf}}{\mu_f}\frac{\rho_f}{\rho_{nf}}\frac{V_N - V_P}{\Delta Y_{j+1}}\right)\Delta X_i - \left(V_s^0 V_s - \frac{1}{Re}\frac{\mu_{nf}}{\mu_f}\frac{\rho_f}{\rho_{nf}}\frac{V_P - V_S}{\Delta Y_j}\right)\Delta X_i = S_v' \qquad \text{(III-19)}$$

En prenant

$$V_e = V_p + \frac{\Delta X_i}{2\Delta X d_i}(V_E - V_P) \; ; \; V_w = V_p + \frac{\Delta X_i}{2\Delta X d_{i-1}}(V_W - V_P) \qquad \text{(III-20a)}$$

$$V_n = \frac{1}{2}(V_N + V_P) \; ; \; V_s = \frac{1}{2}(V_S + V_P) \qquad \text{(III-20b)}$$

L'équation (III-19) devient :

$$V_p \frac{\Delta X_i \Delta Y d_j}{\Delta \tau} + \left\{U_e\left[\frac{\Delta X_i}{2\Delta X d_i}(V_E - V_P) + V_P\right] - \frac{1}{Re}\frac{\mu_{nf}}{\mu_f}\frac{\rho_f}{\rho_{nf}}\frac{V_E - V_P}{\Delta X d_i}\right\}\Delta Y d_j -$$

$$\left\{U_w\left[\frac{\Delta X_i}{2\,\Delta X d_{i-1}}(V_W - V_P) + V_P\right] - \frac{1}{Re}\frac{\mu_{nf}}{\mu_f}\frac{\rho_f}{\rho_{nf}}\frac{V_P - V_W}{\Delta X d_{i-1}}\right\}\Delta Y d_j +$$

$$\left\{V_n^0\left(\frac{V_N+V_P}{2}\right) - \frac{1}{Re}\frac{\mu_{nf}}{\mu_f}\frac{\rho_f}{\rho_{nf}}\frac{V_N-V_P}{\Delta Y_{j+1}}\right\}\Delta X_i - \left\{V_s^0\left(\frac{V_S+V_P}{2}\right) - \frac{1}{Re}\frac{\mu_{nf}}{\mu_f}\frac{\rho_f}{\rho_{nf}}\frac{V_P-V_S}{\Delta Y_j}\right\}\Delta X_i = S'_v \quad \text{(III-21)}$$

L'intégration de l'équation de continuité à l'intérieur du volume de contrôle (Fig. III-2) donne :

$$(U_e - U_w)\Delta Y d_j + (V_n^0 - V_s^0)\Delta X_i = 0 \quad \text{(III-22)}$$

On additionne l'équation (III-21) au produit de l'équation (III-22) par $(-V_P)$ on obtient :

$$V_p\frac{\Delta X_i \Delta Y d_j}{\Delta \tau} + \left\{(\frac{U_e}{2}\frac{\Delta X_i}{\Delta X d_i} - \frac{\frac{1}{Re}\frac{\mu_{nf}}{\mu_f}\frac{\rho_f}{\rho_{nf}}}{\Delta X d_i})(V_E - V_P)\right\}\Delta Y d_j$$

$$- \left\{(\frac{U_w}{2}\frac{\Delta X_i}{\Delta X d_{i-1}} - \frac{\frac{1}{Re}\frac{\mu_{nf}}{\mu_f}\frac{\rho_f}{\rho_{nf}}}{\Delta X d_{i-1}})(V_W - V_P)\right\}\Delta Y d_j +$$

$$\left\{(\frac{V_n^0}{2} - \frac{\frac{1}{Re}\frac{\mu_{nf}}{\mu_f}\frac{\rho_f}{\rho_{nf}}}{\Delta Y_{j+1}})(V_N - V_P)\right\}\Delta X_i - \left\{(\frac{V_s^0}{2} - \frac{\frac{1}{Re}\frac{\mu_{nf}}{\mu_f}\frac{\rho_f}{\rho_{nf}}}{\Delta Y_j})(V_S - V_P)\right\}\Delta X_i = S'_v \quad \text{(III-23)}$$

On pose :

$$D_e = \frac{1}{Re}\frac{\mu_{nf}}{\mu_f}\frac{\rho_f}{\rho_{nf}}\frac{\Delta Y d_j}{\Delta X d_i} \quad ; \quad F_e = U_e\frac{\Delta X_i}{\Delta X d_i}\Delta Y d_j \quad \text{(III-24a)}$$

$$D_w = \frac{1}{Re}\frac{\mu_{nf}}{\mu_f}\frac{\rho_f}{\rho_{nf}}\frac{\Delta Y d_j}{\Delta X d_{i-1}} \quad ; \quad F_w = U_w\frac{\Delta X_i}{\Delta X d_{i-1}}\Delta Y d_j \quad \text{(III-24b)}$$

$$D_n = \frac{1}{Re}\frac{\mu_{nf}}{\mu_f}\frac{\rho_f}{\rho_{nf}}\frac{\Delta X_i}{\Delta Y_{j+1}} \quad ; \quad F_n = V_n^0 \Delta X_i \quad \text{(III-24c)}$$

$$D_s = \frac{1}{Re}\frac{\mu_{nf}}{\mu_f}\frac{\rho_f}{\rho_{nf}}\frac{\Delta X_i}{\Delta Y_j} \quad ; \quad F_s = V_s^0 \Delta X_i \quad \text{(III-24d)}$$

L'équation (III-23) devient alors:

$$a_P V_P = a_E V_E + a_W V_W + a_N V_N + a_S V_S + S'_v \quad \text{(III-25)}$$

avec :

$$a_E = D_e - \frac{F_e}{2} \; ; \; a_W = D_W + \frac{F_w}{2} \; ; \; a_N = D_n - \frac{F_n}{2} \; ; \; a_S = D_S + \frac{F_s}{2} \quad \text{(III-25a)}$$

et $a_P = \frac{\Delta X_i \Delta Y d_j}{\Delta \tau} + a_E + a_W + a_S + a_N \quad \text{(III-25b)}$

Les composantes U^0 aux points e, w et V^0 aux points n et s sont calculés en effectuant une interpolation sur deux points, soit :

$$U_e = U_{i,j} + \frac{\Delta Y_j}{2\Delta Yd_j}(U_{i,j+1} - U_{i,j}) \; ; \; U_w = U_{i-1,j} + \frac{\Delta Y_j}{2\Delta Yd_j}(U_{i-1,j+1} - U_{i-1,j}) \qquad \text{(III-26a)}$$

$$V_n^0 = \frac{1}{2}(V_{i,j+1}^0 + V_{i,j}^0) \; ; \; V_s^0 = \frac{1}{2}(V_{i,j}^0 + V_{i,j-1}^0) \qquad \text{(III-26b)}$$

La solution de l'équation discrétisée (III-25) s'obtient aussi en utilisant la méthode des directions alternées.

III.4.3 Équation de l'énergie

L'intégration de l'équation de l'énergie à l'intérieur du volume de contrôle relatif à la variable θ (Fig.III.4) donne :

$$\int_t^{t+dt}\int_w^e\int_s^n \left(\frac{\partial\theta}{\partial\tau} + \frac{\partial J_X}{\partial X} + \frac{\partial J_Y}{\partial Y} = S_\theta\right) d\tau \, dX \, dY = \int_t^{t+dt}\int_w^e\int_s^n S_\theta \, d\tau \, dX \, dY \qquad \text{(III-27)}$$

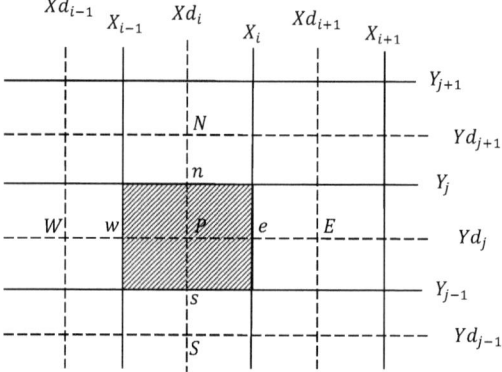

Figure III-4. *Volume de contrôle pour la température et la pression*

Soit :

$$\theta_p \frac{\Delta X_i \Delta Y_j}{\Delta \tau} + (J_{Xe} - J_{Xw})\Delta Y_j + (J_{Yn} - J_{Ys})\Delta X_i = S_\theta' \qquad \text{(III-28)}$$

avec

$$S'_\theta = \theta_p^0 \frac{\Delta X_i \Delta Y_j}{\Delta \tau} \tag{III-29}$$

Remplaçons J_X et J_Y par leurs expressions (*Tableau III-1*), on obtient :

$$\theta_p \frac{\Delta X_i \Delta Y_j}{\Delta \tau} + \left(U_e \theta_e - \frac{1}{Re.Pr}\frac{\alpha_{nf}}{\alpha_f}\frac{\partial \theta}{\partial X}\bigg|_e\right)\Delta Y_j - \left(U_w \theta_w - \frac{1}{Re.Pr}\frac{\alpha_{nf}}{\alpha_f}\frac{\partial \theta}{\partial X}\bigg|_w\right)\Delta Y_j +$$

$$\left(V_n \theta_n - \frac{1}{Re.Pr}\frac{\alpha_{nf}}{\alpha_f}\frac{\partial \theta}{\partial Y}\bigg|_n\right)\Delta X_i - \left(V_s \theta_s - \frac{1}{Re.Pr}\frac{\alpha_{nf}}{\alpha_f}\frac{\partial \theta}{\partial Y}\bigg|_s\right)\Delta X_i = S'_\theta \tag{III-30}$$

En approximant les dérivées premières de θ sur les facettes du volume de contrôle par un schéma centré d'ordre deux, on obtient :

$$\theta_p \frac{\Delta X_i \Delta Y_j}{\Delta \tau} + \left(U_e \theta_e - \frac{1}{Re.Pr}\frac{\alpha_{nf}}{\alpha_f}\frac{\theta_E - \theta_P}{\Delta X d_i}\right)\Delta Y_j - \left(U_w \theta_w - \frac{1}{Re.Pr}\frac{\alpha_{nf}}{\alpha_f}\frac{\theta_P - \theta_W}{\Delta X d_{i-1}}\right)\Delta Y_j + \left(V_n \theta_n - \frac{1}{Re.Pr}\frac{\alpha_{nf}}{\alpha_f}\frac{\theta_N - \theta_P}{\Delta Y d_j}\right)\Delta X_i - \left(V_s \theta_s - \frac{1}{Re.Pr}\frac{\alpha_{nf}}{\alpha_f}\frac{\theta_P - \theta_S}{\Delta Y d_{j-1}}\right)\Delta X_i = S'_\theta \tag{III-31}$$

En prenant :

$$\theta_e = \theta_p + \frac{\Delta X_i}{2\,\Delta X d_i}(\theta_E - \theta_P)\,;\ \theta_w = \theta_p + \frac{\Delta X_i}{2\,\Delta X d_{i-1}}(\theta_W - \theta_P) \tag{III-32}$$

$$\theta_n = \theta_p + \frac{\Delta Y_j}{2\,\Delta Y d_j}(\theta_N - \theta_P)\,;\ \theta_s = \theta_p + \frac{\Delta Y_j}{2\,\Delta Y d_{j-1}}(\theta_S - \theta_P) \tag{III-33}$$

L'équation (III-31) devient :

$$\theta_p \frac{\Delta X_i \Delta Y_j}{\Delta \tau} + \left\{U_e\left[\frac{\Delta X_i}{2\,\Delta X d_i}(\theta_E - \theta_P) + \theta_P\right] - \frac{1}{Re.Pr}\frac{\alpha_{nf}}{\alpha_f}\frac{\theta_E - \theta_P}{\Delta X d_i}\right\}\Delta Y_j -$$

$$\left\{U_w\left[\frac{\Delta X_i}{2\,\Delta X d_{i-1}}(\theta_W - \theta_P) + \theta_P\right] - \frac{1}{Re.Pr}\frac{\alpha_{nf}}{\alpha_f}\frac{\theta_P - \theta_W}{\Delta X d_{i-1}}\right\}\Delta Y_j +$$

$$\left\{V_n\left[\frac{\Delta Y_j}{2\,\Delta Y d_j}(\theta_N - \theta_P) + \theta_P\right] - \frac{1}{Re.Pr}\frac{\alpha_{nf}}{\alpha_f}\frac{\theta_N - \theta_P}{\Delta Y d_j}\right\}\Delta X_i -$$

$$\left\{V_s\left[\frac{\Delta Y_j}{2\,\Delta Y d_{j-1}}(\theta_S - \theta_P) + \theta_P\right] - \frac{1}{Re.Pr}\frac{\alpha_{nf}}{\alpha_f}\frac{\theta_P - \theta_S}{\Delta Y d_{j-1}}\right\}\Delta X_i = S'_\theta \tag{III-34}$$

L'intégration de l'équation de continuité à l'intérieur du volume de contrôle (Fig. III-4) donne :

$$(U_e - U_w)\Delta Y_j + (V_n - V_s)\Delta X_i = 0 \qquad \text{(III-35)}$$

La somme de l'équation (III-34) et du produit de l'équation (III-35) par $(-\theta_P)$ donne :

$$\theta_P \frac{\Delta X_i \Delta Y_j}{\Delta \tau} + \left\{ (U_e \frac{\Delta X_i}{2\Delta X d_i} - \frac{\frac{1}{Re.Pr}\frac{\alpha_{nf}}{\alpha_f}}{\Delta X d_i})(\theta_E - \theta_P) \right\} \Delta Y_j -$$

$$\left\{ (U_w \frac{\Delta X_i}{2\Delta X d_{i-1}} - \frac{\frac{1}{Re.Pr}\frac{\alpha_{nf}}{\alpha_f}}{\Delta X d_{i-1}})(\theta_W - \theta_P) \right\} \Delta Y_j +$$

$$\left\{ (V_n \frac{\Delta Y_j}{2\Delta Y d_j} - \frac{\frac{1}{Re.Pr}\frac{\alpha_{nf}}{\alpha_f}}{\Delta Y d_j})(\theta_N - \theta_P) \right\} \Delta X_i -$$

$$\left\{ (V_s \frac{\Delta Y_j}{2\Delta Y d_{j-1}} - \frac{\frac{1}{Re.Pr}\frac{\alpha_{nf}}{\alpha_f}}{\Delta Y d_{j-1}})(\theta_S - \theta_P) \right\} \Delta X_i = S'_\theta \qquad \text{(III-36)}$$

On pose :

$$D_e = \frac{1}{Re.Pr}\frac{\alpha_{nf}}{\alpha_f}\frac{\Delta Y_j}{\Delta X d_i} \quad ; \quad Fe = U_e \frac{\Delta X_i}{\Delta X d_i}\Delta Y_j \qquad \text{(III-37a)}$$

$$D_w = \frac{1}{Re.Pr}\frac{\alpha_{nf}}{\alpha_f}\frac{\Delta Y_j}{\Delta X d_{i-1}} \quad ; \quad Fw = U_w \frac{\Delta X_i}{\Delta X d_{i-1}}\Delta Y_j \qquad \text{(III-37b)}$$

$$D_n = \frac{1}{Re.Pr}\frac{\alpha_{nf}}{\alpha_f}\frac{\Delta X_i}{\Delta Y d_j} \quad ; \quad Fn = V_n \frac{\Delta Y_j}{\Delta Y d_j}\Delta X_i \qquad \text{(III-37c)}$$

$$D_s = \frac{1}{Re.Pr}\frac{\alpha_{nf}}{\alpha_f}\frac{\Delta X_i}{\Delta Y d_{j-1}} \quad ; \quad Fs = V_s \frac{\Delta Y_j}{\Delta Y d_{j-1}}\Delta X_i \qquad \text{(III-37d)}$$

L'équation (III-36) devient alors :

$$a_P \theta_P = a_E \theta_E + a_W \theta_W + a_N \theta_N + a_S \theta_S + S'_\theta \qquad \text{(III-38)}$$

avec :

$$a_E = D_e - \frac{F_e}{2} \; ; \; a_W = D_w + \frac{F_w}{2} \; ; \; a_N = D_n - \frac{F_n}{2} \; ; \; a_S = D_s + \frac{F_s}{2} \qquad \text{(III-38a)}$$

$$\text{et } a_P = \frac{\Delta X_i \Delta Y_j}{\Delta \tau} + a_E + a_W + a_S + a_N \qquad \text{(III-38b)}$$

Les composantes U aux points e et w et V aux points n et s sont situées exactement sur leurs maillages respectifs de calcul, ce qui se traduit par les relations :

$$U_e = U_{i,j} \; , \; U_w = U_{i-1,j} \; , \; V_n = V_{i,j} \; , \; V_s = V_{i,j-1} \qquad \text{(III-39)}$$

La solution de l'équation discrétisée (III-38) s'obtient toujours en utilisant la méthode des directions alternées.

III.4.4 Equation de la pression

L'intégration de l'équation de continuité à l'intérieur du volume de contrôle (Fig. III-4) donne :

$$(U_e - U_w)\Delta Y_j + (V_n - V_s)\Delta X_i = 0 \qquad \text{(III-40)}$$

On déduit de l'équation (III-13) que les expressions de U_e et U_w sont :

$$U_e = \frac{\sum a_I U_I + b_e}{a_e} + A_e(P_P - P_E) \qquad \text{(III-41a)}$$

$$U_w = \frac{\sum a_I U_I + b_w}{a_w} + A_w(P_W - P_P) \qquad \text{(III-41b)}$$

Avec

$$b_e = U_e^0 \frac{\Delta X d_i \Delta Y_j}{\Delta \tau} \; ; \; b_w = U_w^0 \frac{\Delta X d_{i-1} \Delta Y_j}{\Delta \tau} \qquad \text{(III-42a)}$$

$$A_e = \frac{\rho_f}{\rho_{nf}} \frac{\Delta Y_j}{a_e} \quad ; \quad A_w = \frac{\rho_f}{\rho_{nf}} \frac{\Delta Y_j}{a_w} \qquad \text{(III-42b)}$$

On déduit de l'équation (III-25) que les expressions de V_n et V_s sont :

$$V_n = \frac{\sum a_I V_I + b_n}{a_n} + A_n(P_P - P_N) \qquad \text{(III-43a)}$$

$$V_s = \frac{\sum a_I V_I + b_s}{a_s} + A_s(P_S - P_P) \qquad \text{(III-43b)}$$

avec

$$b_n = \left(\frac{(\rho\beta)_{nf}}{\rho_{nf}\beta_f}Ri\,\theta_n^0 + \frac{V_n^0}{\Delta\tau}\right)\Delta X_i \Delta Y d_j \; ; \; b_s = \left(\frac{(\rho\beta)_{nf}}{\rho_{nf}\beta_f}Ri\,\theta_n^0 + \frac{V_s^0}{\Delta\tau}\right)\Delta X_i \Delta Y d_{j-1} \qquad \text{(III-44a)}$$

$$A_n = \frac{\rho_f}{\rho_{nf}}\frac{\Delta X_i}{a_n} \; ; \quad A_s = \frac{\rho_f}{\rho_{nf}}\frac{\Delta X_i}{a_s} \qquad \text{(III-44b)}$$

On définit les pseudo-vitesses $\widehat{U}$ et $\widehat{V}$ par les expressions suivantes :

$$\widehat{U}_i = \frac{\sum a_I U_I + b_i}{a_i} \; ; \; \widehat{V}_j = \frac{\sum a_I V_I + b_j}{a_j} \qquad \text{(III-45)}$$

Les équations (III-40) et (III-42) deviennent alors :

$$U_e = \widehat{U}_e + A_e(P_P - P_E) \; ; \; U_w = \widehat{U}_w + A_w(P_W - P_P) \qquad \text{(III-46a)}$$

$$V_n = \widehat{V}_n + A_n(P_P - P_N) \; ; \; V_s = \widehat{V}_s + A_s(P_S - P_P) \qquad \text{(III-46b)}$$

En remplaçant les expressions de U aux points e, w et les expressions de V aux points n et s dans l'équation (III-40), on obtient l'équation de pression suivante :

$$a_P P_P = a_E P_E + a_W P_W + a_N P_N + a_S P_S + S_4 \qquad \text{(III-47)}$$

$$a_E = A_e \, \Delta Y_j \quad a_w = A_w \Delta Y_j \qquad \text{(III-47a)}$$

$$a_N = A_n \Delta X_i \quad a_S = A_s \, \Delta X_i \qquad \text{(III-47b)}$$

$$a_P = a_E + a_W + a_N + a_S \qquad \text{(III-47c)}$$

$$S_4 = (\widehat{U}_w - \widehat{U}_e)\Delta Y_j + (\widehat{V}_s - \widehat{V}_n)\Delta X_i \qquad \text{(III-47d)}$$

La solution numérique de l'équation (III-40) est calculée par une méthode itérative.

III.4.5 Equation de la correction de pression et de la correction des vitesses

Les équations de mouvements suivants les directions, X et Y, ne peuvent être résolues que lorsque le champs de pression est donné ou estimé. A cette fin, les composantes de la vitesse horizontale aux points e et w et de la vitesse verticale aux points n et s (Fig. III-4) sont :

$$a_e \widetilde{U}_e = \sum a_I \widetilde{U}_I + b_e + D_e(\widetilde{P}_P - \widetilde{P}_E) \qquad \text{(III-48a)}$$

$$a_w \widetilde{U}_w = \sum a_I \widetilde{U}_I + b_w + D_w(\widetilde{P}_W - \widetilde{P}_P) \qquad \text{(III-48b)}$$

$$a_n \widetilde{V}_n = \sum a_I \widetilde{V}_I + b_n + D_n(\widetilde{P}_P - \widetilde{P}_N) \qquad \text{(III-48c)}$$

$$a_s \widetilde{V}_s = \sum a_I \widetilde{V}_I + b_s + D_s(\widetilde{P}_S - \widetilde{P}_P) \qquad \text{(III-48d)}$$

avec

$$b_e = U_e^0 \frac{\Delta X d_i \, \Delta Y_j}{\Delta \tau} \; ; \; b_w = U_w^0 \frac{\Delta X d_{i-1} \, \Delta Y_j}{\Delta \tau} \qquad \text{(III-49a)}$$

$$b_n = \left(\frac{(\rho \beta)_{nf}}{\rho_{nf} \beta_f}\right) Ri \, \theta_n^0 + \frac{V_n^0}{\Delta \tau}\right) \Delta X_i \, \Delta Y d_j \; ; \; b_s = \left(\frac{(\rho \beta)_{nf}}{\rho_{nf} \beta_f}\right) Ri \, \theta_s^0 + \frac{V_s^0}{\Delta \tau}\right) \Delta X_i \, \Delta Y d_j \qquad \text{(III-49b)}$$

$$D_e = \Delta Y_j \frac{\rho_f}{\rho_{nf}} \qquad D_w = \Delta Y_j \frac{\rho_f}{\rho_{nf}} \qquad \text{(III-49c)}$$

$$D_n = \Delta X_i \frac{\rho_f}{\rho_{nf}} \qquad D_s = \Delta X_i \frac{\rho_f}{\rho_{nf}} \qquad \text{(III-49d)}$$

$\tilde{P}$, $\tilde{U}$ et $\tilde{V}$ sont, respectivement le champ de pression estimé et les composantes de vitesses calculées avec $\tilde{P}$. Les champs de vitesses $\tilde{U}$ et $\tilde{V}$ peuvent ne pas vérifier l'équation de continuité. On a intérêt dans ce cas à corriger la pression et par conséquent corriger les vitesses $\tilde{U}$ et $\tilde{V}$.

On pose :

$$P = \tilde{P} + P' \qquad \text{(III-50a)}$$

$$U = \tilde{U} + U' \qquad \text{(III-50b)}$$

$$V = \tilde{V} + V' \qquad \text{(III-50c)}$$

où P', U' et V' sont, respectivement, la correction de pression et les corrections de vitesses.

La soustraction des équations (III-41a), (III-41b), (III-43a) et (III-43b) et des équations (III-48a), (III-48b), (III-48c) et (III-48d) donne :

$$a_e U'_e = \sum a_I U'_I + D_e(P'_P - P'_E) \qquad \text{(III-51a)}$$

$$a_w U'_w = \sum a_I U'_I + D_w(P'_W - P'_P) \qquad \text{(III-51b)}$$

$$a_n V'_n = \sum a_I V'_I + D_n(P'_P - P'_N) \qquad \text{(III-51c)}$$

$$a_s V'_s = \sum a_I V'_I + D_s(P'_S - P'_P) \qquad \text{(III-51d)}$$

Nous éliminons les termes $\sum a_I U'_I$ et $\sum a_I V'_I$ car ils sont supposés négligeables (Patankar, 1980). Cette approximation est choisie afin d'éviter la construction d'une matrice pleine pour l'équation de correction de pression, difficile à résoudre numériquement. Les équations (III-51a), (III-51b), (III-51c) et (III-51d) deviennent alors :

$$U'_e = A_e(P'_P - P'_E) \qquad \text{(III-52a)}$$

$$U'_w = A_w(P'_W - P'_P) \qquad \text{(III-52b)}$$

$$V'_n = A_n(P'_P - P'_N) \qquad \text{(III-52c)}$$

$$V'_s = A_s(P'_S - P'_P) \qquad \text{(III-52d)}$$

Où les expressions A_e, A_w, A_n et A_s sont définies par les expressions (III-42b) et (III-44b).

En tenant compte des équations (III-52a), (III-52b), (III-52c) et (III-52d), l'introduction de l'équation (III-50b) aux points e et w, et de l'équation (III-50c) aux points n et s, dans l'équation de continuité (III-40), intégrée dans le volume de contrôle (Fig. III-4) conduit à l'équation de correction de pression suivante :

avec
$$a_P P'_P = a_E P'_E + a_W P'_W + a_N P'_N + a_S P'_S + S_5 \tag{III-53}$$

$$a_E = A_e \Delta Y_j \; ; \; a_W = A_w \Delta Y_j \; ; \; a_N = A_n \Delta X_i \; ; \; a_S = A_s \Delta X_i \tag{III-53a}$$

$$a_P = a_E + a_W + a_N + a_S \tag{III-53b}$$

$$S_5 = (\widetilde{U}_w - \widetilde{U}_e)\Delta Y_j + (\widetilde{V}_s - \widetilde{V}_n)\Delta X_i \tag{III-53c}$$

La solution numérique de l'équation (III-53) est calculée par une méthode itérative. Une fois le champ de correction de pression calculé, le champ de vitesse corrigé est donné par les expressions suivantes :

$$U_{i,j} = \widetilde{U}_{i,j} + \frac{\Delta Y_j}{A_{i,j}}(P'_{i,j} - P'_{i+1,j}) \tag{III-54}$$

$$V_{i,j} = \widetilde{V}_{i,j} + \frac{\Delta X_j}{B_{i,j}}(P'_{i,j} - P'_{i,j+1}) \tag{III-55}$$

où $A_{i,j}$ et $B_{i,j}$ sont données par les expressions (III-13b) et (III-25b).

III.5. Schémas de discrétisation

Comme nous l'avons vu précédemment, le schéma d'interpolation utilisé dans les équations de conservation intégrées dans le volume de contrôle est basé sur la méthode des différences finis. Notons que bien qu'une approximation par différences finies centrées des termes de diffusion au deuxième ordre soit adaptée à la majorité des problèmes, cette technique ne donne pas de résultats satisfaisants en ce qui concerne les termes convectifs. En effet, la méthode des différences centrées ne prend pas correctement en compte la direction de l'écoulement. La figure III.2, par exemple, permet d'illustrer ce défaut majeur.

Les valeurs de U aux points w et e sont déterminées par une approximation linéaire à l'aide des expressions suivantes :

$$U_e = \tfrac{1}{2}(U_E + U_P) \; ; \; U_w = \tfrac{1}{2}(U_W + U_P)$$

Sur la base de ces expressions, on peut noter que les points situés en amont et aval ont le même poids pour le calcul des valeurs de U à l'interface quelle que soit la vitesse de l'écoulement. Mais il peut exister un fort transport de la gauche vers la droite (ou inversement) de l'interface. Dans un tel cas, cette formulation n'est plus valable parce qu'elle peut générer des instabilités numériques quand le transport à travers une face d'un volume de contrôle est prépondérant par rapport à la diffusion. Le nombre de Peclet de maille, noté Pe_m, permet à cet effet de quantifier l'importance relative des phénomènes convectifs et diffusifs. Il est défini par :

$$Pe_m = \frac{F_i}{D_i} \tag{III-56}$$

où F_i et D_i sont respectivement les termes de transport et de diffusion aux point i (donnés par exemple par les équations (III-12a)). Lorsque le nombre de Peclet de maille construit sur la dimension du maillage et de la vitesse à l'interface est supérieur à 2, la discrétisation centrée des termes convectifs conduit à des instabilités numériques. Pour éviter ces instabilités numériques, des approximations décentrées sont proposées. Les échanges diffusifs sont modélisés de la même façon que dans le schéma à différences centrées. En revanche, les échanges convectifs n'ont lieu que de l'amont vers l'aval de l'écoulement. Ce schéma amont (upwind) est précis au premier ordre sur la base d'un développement de Taylor. Il est inconditionnellement stable du point de vue numérique mais susceptible d'introduire une diffusion numérique « artificielle » pouvant affecter la précision du calcul. D'autres schémas sont aussi proposés dans la littérature permettant d'évaluer les expressions des coefficients des nœuds voisins (a_E, a_W, a_N et a_S). Patankar (1980) a proposé une formulation générale donnant les expressions de ces coefficients en fonction du nombre de Peclet de maille. Soit :

$$a_E = D_e A(|Pe_m|) + Max(-F_e, 0) \tag{III-57a}$$
$$a_W = D_w A(|Pe_m|) + Max(F_w, 0) \tag{III-57b}$$
$$a_N = D_n A(|Pe_m|) + Max(-F_n, 0) \tag{III-57c}$$
$$a_S = D_s A(|Pe_m|) + Max(F_s, 0) \tag{III-57d}$$

où $A(|Pe_m|)$ est une fonction donnée selon le type de schéma choisi (*Tableau* (III-2)) et conditionnée par la valeur du nombre de Peclet de maille. Par exemple, le schéma centré est valable pour $|Pe_m| < 2$ alors que le schéma upwind est valable lorsque $|Pe_m| > 2$.

Dans nos calculs, nous avons choisi le schéma hybride qui se réduit à l'approximation centrée lorsque $|Pe_m| < 2$ et au schéma upwind lorsque $|Pe_m| > 2$.

Tableau III-2. *Expression de la fonction* A(|P|) *pour différents schémas de discrétisation*

Schéma de discrétisation	Expression de $A(|Pe_m|)$
Centré	$1 - 0.5|Pe_m|$
Décentré amont (Upwind)	1
Hybride	$Max(0, 1 - 0.5|Pe_m|)$
Loi de puissance	$Max(0, (1 - 0.1|Pe_m|)^5)$
Exponentiel	$|Pe_m|/[\exp(|Pe_m|) - 1]$

III.6. Procédure de calcul :

L'algorithme de calcul des champs de vitesse, de température et de la pression est celui de SIMPLER (Patankard 1980). Il consiste à suivre les étapes suivantes :

1. commencer par un champ de vitesse estimé.
2. calculer les coefficients de U et de V des vitesses.
3. calculer les pseudo-vitesse $\hat{U}$ et $\hat{V}$ à partir de l'équation (III-45).
4. résoudre l'équation de la pression (III-47) avec $\hat{U}$ et $\hat{V}$ pour obtenir une meilleur estimation du champ de pression $\tilde{P}$.
5. à partir du champ de pression obtenu $\tilde{P}$, résoudre les équations du mouvement (III-13) et (III-25) pour obtenir les champs de vitesses $\tilde{U}$ et $\tilde{V}$.
6. résoudre l'équation de la correction de pression (III-53) avec $\tilde{U}$ et $\tilde{V}$ pour obtenir le champ de correction de pression P'.
7. corriger les champs de vitesses $\tilde{U}$ et $\tilde{V}$ par les équations (III-54) et (III-55).
8. résoudre l'équation (III-38) pour obtenir le champ de température.

Tant que le critère de convergence n'est pas atteint, on retourne à l'étape 2.

Notons que ce critère de convergence est défini par :

$$\frac{max\left|\emptyset_{i,j}^{k+1} - \emptyset_{i,j}^{k}\right|}{max\left|\emptyset_{i,j}^{k+1}\right|} < \varepsilon_c \qquad (III-58)$$

avec $\emptyset = (u, v, \theta)$

où ε_c est le critère de convergence, de l'ordre de 10^{-5}.

III.7. Validation du code de calcul

Avant de simuler les écoulements relativement complexes tels que le contrôle de l'écoulement autour d'un obstacle moyennant soit d'une couche poreuse, soit par des nanoparticules injectés dans le fluide de base, il convient de valider le code de calcul écrit à partir de la discrétisation explicitée précédemment, utilisant la méthode des volumes finis. Dans un premier temps, nous commençons par présenter la validité de notre code spécifique par comparaison avec des résultats antérieurs dans le cas de l'écoulement d'air dans un canal horizontal en présence d'un obstacle ayant la forme d'un cylindre à base carrée. On comparera ensuite nos résultats numériques, obtenus en convection forcée, avec ceux reportés par d'autres auteurs, ceci dans le cas de l'écoulement de nanofluides derrière une marche descendante.

III.7.1 Ecoulement dans un canal horizontal en présence d'un obstacle

Dans ce paragraphe, on compare nos résultats des coefficients globaux de l'écoulement d'air dans un canal horizontal, contenant un obstacle ayant la forme d'un cylindre à base carrée, avec des résultats antérieurs. Les solutions numériques de références retenues sont celles de Farjallah et al., (2011). Elles sont obtenues par la méthode des volumes finis à base d'éléments finis ($CVFEM$) pour un nombre de Reynolds $Re = 150$, utilisant un maillage non uniforme 249×93 points. Notons que le régime d'écoulement correspondant à ce nombre de Reynolds est périodique, caractérisé par le détachement de deux tourbillons derrière l'obstacle durant un cycle comme le montre la figure III-5. La comparaison de nos résultats avec les solutions de références est fournie dans le tableau III-3 où sont reportées les valeurs du nombre de Strouhal St, caractérisant la fréquence de détachement des tourbillons, du coefficient de traînée moyen dans le temps $\langle Cd \rangle$ et de l'amplitude de la portance $[\max(Cl) - \min(Cl)]$. On remarque que nos résultats sont en bon accord avec ceux trouvées par Farjallah et al., (2011). Les écarts sont de l'ordre de 0.6%, 2.7% et 5.5% respectivement sur le nombre de Strouhal, le coefficient de traînée moyen dans le temps et de l'amplitude de la portance. On peut donc conclure que notre code de calcul est capable de prédire correctement l'écoulement de fluide newtonien autour d'un cylindre à base carrée placé sur l'axe d'un canal horizontal.

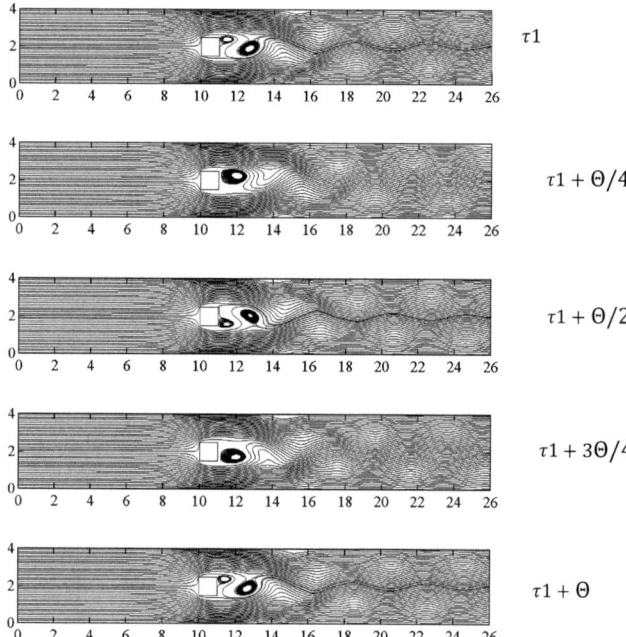

Figure III-5. *Lignes de courant par cycle de détachement des tourbillons obtenues à Re = 150*
(intervalle de temps $\Theta/4$, Θ est la période d'un cycle).

Tableau III-3. *Comparaison avec des solutions de références*

	Présent (VFM)	Farjallah (2011) (CVFEM)
St	0.1924	0.1913
$\langle Cd \rangle$	1.61	1.654
$[\max(Cl) - \min(Cl)]$	0.2168	0.2295

III.7.2 Ecoulement de nanofluide derrière une marche descendante

La simulation des écoulements derrière une marche descendante est l'un des problèmes test servant à évaluer les performances des codes de calcul de mécanique des fluides. Cette configuration, illustrée sur la figure III-6, a été largement étudiée et de nombreuses solutions de références sont disponibles dans la littérature. Ce problème est considéré ici comme une première étape de la simulation de l'écoulement en convection mixte du nanofluide (eau/Cu) derrière une marche descendante, qui sera discutée dans le chapitre V.

Les résultats présentés dans ce paragraphe, se rapportant à cette géométrie, correspondent à $Ri = 0$ (convection forcée), $150 \leq Re \leq 750$, $Pr = 6.2$ (eau) et des fractions volumiques des nanoparticules de cuivre variant de $\varphi = 0\%$ à 20%. Les solutions sont comparées avec celles reportées par Abu-Nada (2008). La figure III.7 représente la variation de la longueur de rattachement Lr en fonction du nombre de Reynolds pour $\varphi = 0\%$. On remarque que nos solutions, obtenues avec un maillage non uniforme 366×119, sont en bon accord avec les résultats numériques trouvées par Abu-Nada (2008). L'écart maximal étant inférieur à 3%.

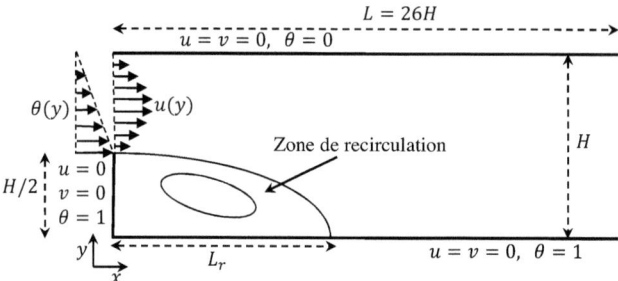

Figure III-6. *Ecoulement derrière une marche descendante*

Pour un nombre de Reynolds fixé à $Re = 450$, nous avons comparé les valeurs du nombre de Nusselt moyen sur les parois horizontales du canal avec celles trouvées par Abu-Nada (2008). Nos valeurs, reportées sur la figure III-8, montrent un bon accord avec celles de Abu-Nada (2008), avec des écarts inférieurs à 2.7%. Nous pouvons donc conclure que notre code de calcul permet également de prédire correctement l'écoulement convectif de nanofluide derrière une marche descendante.

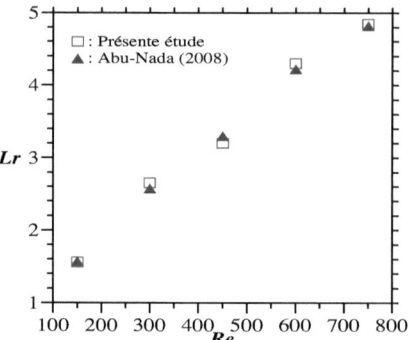

Figure III-7. *Longueur de rattachement en fonction du nombre de Reynolds ($\varphi = 0$)*

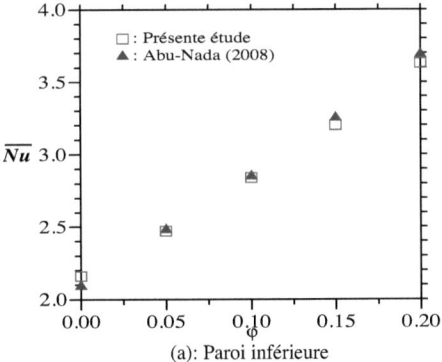

(a): Paroi inférieure

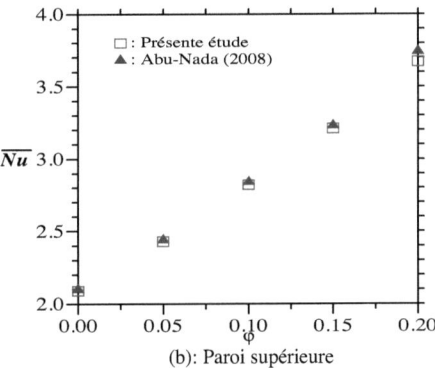

(b): Paroi supérieure

Figure III-8. *Comparaison du nombre de Nusselt moyen avec les résultats de Abu-Nada (2008) pour Re = 450*

III.8. Conclusion

Dans ce chapitre, une description de la méthode des volumes finis est fournie. Pour une géométrie bidimensionnelle, nous avons discrétisé les équations de quantité de mouvement et de l'énergie en adoptant l'algorithme SIMPLER pour le couplage vitesse-pression. Les tests de validations que nous avons présenté montrent bien que notre code de calcul est capable de simuler correctement les écoulements des fluides et des nanofluides dans un canal à frontières ouvertes avec ou sans obstacle. Les solutions obtenues sont en bon accord avec les résultats publiés dans la littérature.

Chapitre IV

CONTRÔLE PASSIF DE L'ÉCOULEMENT AUTOUR D'UN OBSTACLE MOYENNANT D'UN MILIEU POREUX

Chapitre IV

Contrôle passif de l'écoulement autour d'un obstacle moyennant d'un milieu poreux

IV.1 Introduction

Après avoir présenté les différentes méthodes actives et passives les plus utilisées pour contrôler l'écoulement autour d'un obstacle et après validation de notre code de calcul, intéressons-nous désormais, dans la première partie de cette thèse, au contrôle passif de l'écoulement autour d'un cylindre à base carrée, placé symétriquement par rapport à l'axe d'un canal horizontal, utilisant une couche poreuse. Nous examinons l'effet du milieu poreux sur les caractéristiques de l'écoulement.

IV.2 Description du problème physique à modéliser

Le contrôle passif de l'écoulement derrière un obstacle de forme aérodynamique a suscité l'intérêt de nombreux chercheurs en raison des conséquences pratiques de la compréhension des phénomènes d'instabilité en aval de l'obstacle. La présente étude consiste à contrôler l'écoulement dans le sillage d'un obstacle aux arêtes vives. Il s'agit essentiellement de simuler numériquement le contrôle passif de l'écoulement d'un fluide Newtonien derrière un cylindre à base carrée, placé symétriquement par rapport à l'axe d'un canal horizontal, utilisant une couche poreuse sur la paroi de l'obstacle. Dans ce chapitre, nous montrons l'effet de l'insertion de la couche poreuse sur les coefficients globaux de l'écoulement à savoir le nombre de Strouhal St caractérisant la fréquence de détachement des tourbillons derrière l'obstacle et les coefficients de traînée C_D et de portance C_L.

Deux configurations ont été proposées dans cette étude. Dans la première, la couche poreuse est attachée sur toute la paroi de l'obstacle (Figure IV-1a) alors que dans la deuxième configuration, la couche poreuse est attachée uniquement sur la face derrière de l'obstacle (Figure IV-1b).

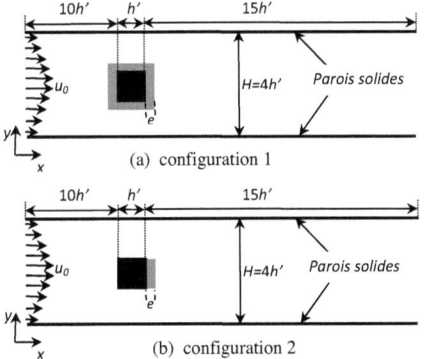

Figure IV-1.Définition de la configuration
(a) couche poreuse entourant l'obstacle
(b) couche poreuse attachée derrière de l'obstacle

IV.3 Etude du maillage

Les calculs sont effectués en utilisant un maillage non uniforme contenant 249×93 nœuds avec $0.01 \leq \Delta x \leq 0.4$ et $0.01 \leq \Delta y \leq 0.05$. Cette grille a été choisie de façon à ce que suffisamment de points soient placés dans les couches limites afin de mieux évaluer les fortes variations des variables dynamiques près des parois.

Afin d'étudier l'influence du maillage sur la précision des solutions, trois grilles ont été testées G1 : 101×41, G2 : 249×93 et G3 : 312×169, pour $Re = 150$ en absence du milieu poreux. Les résultats, reportés dans le tableau (IV.1), montrent que lorsqu'on passe de la grille $G1$ à la grille $G2$, les valeurs numériques du nombre de Strouhal (St), du coefficient de traînée moyen $< Cd >$ et de l'amplitude du coefficient de portance (Cl) subissent une réduction de 11.6%, 21,7% et 13.7% respectivement et une réduction de 1.6%, 2.8% et 1.5% respectivement lorsqu'on passe de $G2$ à $G3$. Notons que le nombre de Strouhal est un indicateur très sensible au maillage. D'après ces résultats, on estime que la grille 249×93 est suffisante pour avoir un compromis entre précision et temps de calcul.

Tableau IV-1. *Valeurs numériques de* St, $<Cd>$ *et* $[max(Cl) - min(Cl)]$ *obtenues à* $Re = 150$ *pour différentes grilles.*

Grille	$G1: 101x41$	$G2: 249x93$	$G3: 312x169$
	$0.05 \leq \Delta x \leq 0.6$ $\Delta y = 0.1$	$0.01 \leq \Delta x \leq 0.4$ $0.01 \leq \Delta y \leq 0.05$	$0.005 \leq \Delta x \leq 0.2$ $0.005 \leq \Delta y \leq 0.025$
St	0.2176	0.1924	0.1892
$\langle CD \rangle$	2.056	1.61	1.565
$[max(CL) - min(CL)]$	0.2512	0.2168	0.2136

IV.4 Equations de conservation

Les différents milieux (solide, poreux et fluide) sont modélisés dans la même équation en utilisant la technique de pénalisation de Darcy, détaillée par Arquis (1984) et Caltagirone et al., (1986). Cette technique permet de simuler un écoulement dans un domaine contenant des obstacles poreux immergés. Le principe consiste à ajouter le terme U/K aux équations de Navier-Stokes, où U et K sont respectivement le vecteur vitesse du fluide et le coefficient adimensionnel de la perméabilité du milieu poreux. Cette méthode permet d'obtenir une seule équation valable sur l'ensemble du domaine fictif afin d'obtenir le champ de vitesse en tout point du domaine. En effet, l'idée sur laquelle se base la méthode de pénalisation est que l'obstacle solide peut être considéré comme un milieu poreux avec une très faible perméabilité alors que le milieu fluide peut être considéré comme un milieu poreux avec une très grande perméabilité. Les équations de conservation décrivant ce type d'écoulement incompressible, supposé laminaire et bidimensionnel, couplées avec la méthode de pénalisation, s'écrivent en rajoutant les termes $\left(-\frac{u}{K}\right)$ et $\left(-\frac{v}{K}\right)$ respectivement dans les équations (II-29) et (II-30). Soit, pour $Ri = 0$ (convection forcée) et $\varphi = 0$ (absence de nanoparticules) :

$$div(V) = 0 \qquad (IV.1)$$

$$\frac{\partial u}{\partial \tau} + div(J_u) = -\frac{\partial P}{\partial x} - \frac{u}{K}, \text{ avec } J_u = uV - \frac{1}{Re}grad(u) \qquad (IV.2)$$

$$\frac{\partial v}{\partial \tau} + div(J_v) = -\frac{\partial P}{\partial y} - \frac{v}{K}, \text{ avec } J_v = vV - \frac{1}{Re}grad(v) \qquad (IV.3)$$

IV.5 Résultats et discussion

L'étude du contrôle de l'écoulement dans le sillage de l'obstacle a été effectuée pour un nombre de Reynolds fixé à $Re = 150$. Nous envisageons, dans une première étape, les deux configurations pour une épaisseur de la couche poreuse fixé à $e = 20\%$ dont le but de déterminer la configuration la plus adéquate permettant de rendre l'obstacle plus stable à l'écoulement.

IV.5.1 Effet de la position de la couche poreuse sur les coefficients globaux de l'écoulement

IV.5.1.1. Effet sur les coefficients de portance et de traînée

La figure IV-2 montre la variation de l'amplitude des oscillations Cl avec la perméabilité K pour les deux configurations. Au début et pour les deux cas, lorsque la perméabilité augmente, l'amplitude des oscillations de Cl diminue pour atteindre un minimum local près de $K = 4.10^{-3}$. Par rapport au cas sans couche poreuse, les réductions des amplitudes du coefficient de portance correspondantes sont de 24% et 39% respectivement pour les configurations 1 et 2. Au-delà de $K = 4.10^{-3}$, le comportement de la variation de $[max(Cl) - min(Cl)]$ est différent pour les deux configurations. En effet, pour la configuration 1, l'amplitude des oscillations de Cl augmente rapidement avec K, atteint un maximum local près de $K = 2.10^{-1}$, puis elle diminue rapidement au fur et à mesure que K augmente en s'approchant asymptotiquement de la valeur 0.2168, obtenue sans contrôle. La valeur maximale de l'amplitude des oscillations est presque deux fois plus grande que celle obtenue sans contrôle. Pour la configuration 2, l'amplitude des oscillations de Cl reste à peu près constante jusqu'à $K = 10^{-1}$, puis elle augmente progressivement avec K et s'approche asymptotiquement de la valeur correspondante sans contrôle.

La variation de la force de traînée est également affectée de façon significative par le milieu poreux. Comme le montre la figure IV-3, les fluctuations de la force de traînée sont considérablement réduites par la couche poreuse lorsque celle-ci est fixée derrière l'obstacle (configuration 2). Par rapport au cas sans contrôle, la réduction maximale des oscillations du coefficient de traînée est de l'ordre de 52%. Cette réduction se produit lorsque K atteint la valeur $K = 2.10^{-2}$. Au-delà de cette valeur, l'amplitude des oscillations de Cd reste à peu près constante jusqu'à $K = 2.10^{-1}$, puis elle augmente avec K et se rapproche asymptotiquement de la valeur sans contrôle. La variation des amplitudes de Cd avec K correspondant à la configuration 1 a la même allure que celle des amplitudes de Cl, mais sa valeur reste toujours supérieure à celle obtenue sans contrôle. L'amplitude des oscillations de Cd diminue au fur et à mesure que K augmente, atteint un minimum local près de $K = 2.10^{-2}$, puis elle augmente rapidement avec K pour atteindre un maximum local près de $K = 2.10^{-1}$. Au-delà de cette valeur, elle diminue rapidement au fur et à mesure que K augmente et s'approche asymptotiquement de la valeur obtenue sans contrôle. La valeur maximale de l'amplitude est environ trois fois plus grande que la valeur correspondante sans contrôle.

A partir de ces observations, il est clair que la mise en œuvre de la couche poreuse derrière l'obstacle conduit à une meilleure réduction des amplitudes des oscillations de Cl et de Cd par rapport au cas où l'obstacle est recouvert par une couche poreuse. En effet, pour les différentes valeurs de perméabilité prises en compte dans cette étude, les amplitudes des oscillations de Cl et de Cd obtenues avec la configuration 2 sont toujours inférieures à celles obtenues sans contrôle. Par conséquent, on peut conclure que la configuration 2 peut être identifiée comme la configuration optimale associée à une meilleure réduction de la traînée et de la portance exercées sur le cylindre.

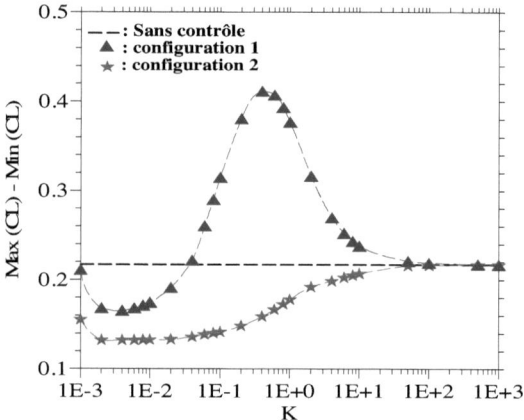

Figure IV-2. *Variation de (max(Cl) – min(Cl)) en fonction de la perméabilité K pour une épaisseur de 20%*

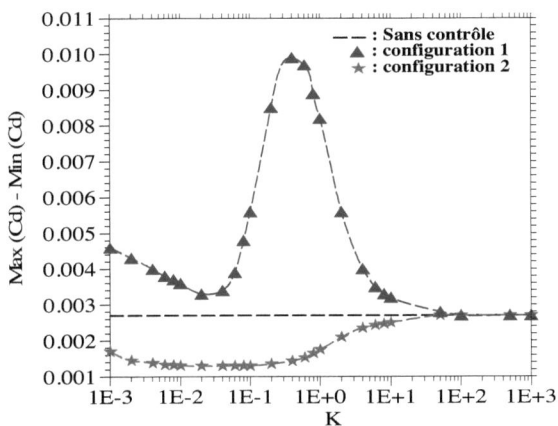

Figure IV-3. *Variation de (max(Cd) − min(Cd)) en fonction de la perméabilité K pour une épaisseur de 20%*

IV.5.1.2. Effet sur le coefficient de traînée moyen

L'effet de la couche poreuse sur le coefficient de traînée moyen $<Cd>$ est représenté sur la figure IV-4, pour une épaisseur de 20%. On constate clairement une grande différence de la variation du coefficient de traînée moyen avec K pour les deux configurations. En effet, dans la configuration 1, $<Cd>$ croît rapidement avec K, passe par un maximum autour de $K = 0.1$, puis il diminue rapidement en s'approchant asymptotiquement de sa valeur obtenue sans contrôle. L'augmentation de $<Cd>$ est trouvée de l'ordre de 35%. Par contre, pour la configuration 2, une très faible diminution de l'ordre de 1.73% est observée sur la valeur de $<Cd>$ lorsque K augmente. Ce résultat met clairement en évidence que la position de la couche poreuse derrière l'obstacle n'a pas d'effet sensible sur la variation du coefficient de traînée moyen.

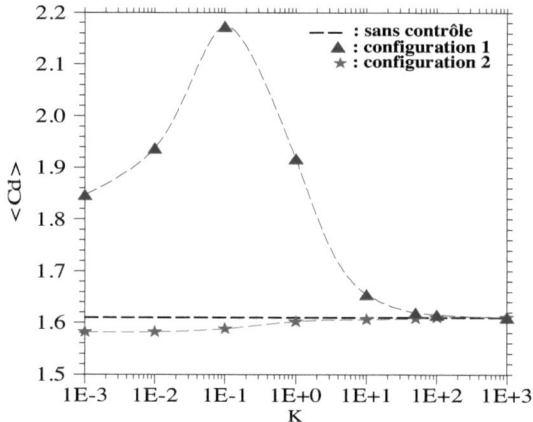

Figure IV-4. *Variation du coefficient de traînée moyen avec la perméabilité pour une épaisseur de 20%*

IV.5.1.3. Effet sur le nombre de Strouhal

La figure IV-5 représente la variation du nombre de Strouhal en fonction de la perméabilité pour une épaisseur fixée à $e = 20\%$. Notons que le nombre de Strouhal, défini par $St = \frac{f'.h'}{u_0}$ où f' est la fréquence de détachement d'un tourbillon derrière l'obstacle, est déterminé en calculant la période des oscillations du coefficient de portance Cl lorsque le régime périodique est bien établi.

Pour les deux configurations choisies, la variation de St avec la perméabilité présente un comportement totalement différent. En effet, pour la première configuration, St diminue lorsque K augmente, passe par un minimum au voisinage de $K = 2.10^{-1}$, puis il augmente rapidement en s'approchant asymptotiquement de sa valeur obtenue sans contrôle. La diminution de St au voisinage de $K = 2.10^{-1}$ est de l'ordre de 11,5%. Par contre, pour la configuration 2, St croît légèrement lorsque K augmente, passe par un maximum au voisinage de $K = 6.10^{-3}$ puis il diminue progressivement en s'approchant de sa valeur obtenue sans contrôle. L'augmentation de St est de l'ordre de 2,5%. Ce résultat montre clairement que l'emplacement d'une couche poreuse juste derrière l'obstacle n'a pas d'effet sensible sur la variation du nombre de Strouhal.

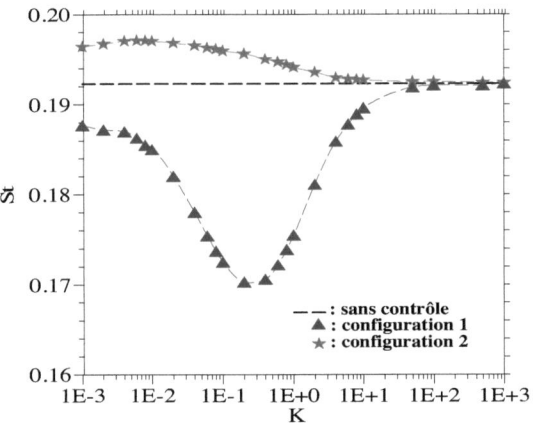

Figure IV-5. *Variation du nombre du Strouhal St en fonction de la perméabilité pour une épaisseur de 20%*

Les résultats obtenus montrent clairement que l'introduction d'une seule couche poreuse juste derrière l'obstacle est la plus adéquate pour la stabilité de l'obstacle à l'écoulement. Par conséquent, nous avons retenu la deuxième configuration dans la suite de ce chapitre afin d'étudier l'effet de l'épaisseur de la couche poreuse sur la variation des coefficients globaux de l'écoulement avec la perméabilité.

IV.5.2 Effet de l'épaisseur de la couche poreuse sur les coefficients globaux de l'écoulement

IV.5.2.1. Effet sur les coefficients de portance et de traînée

L'effet de l'épaisseur de la couche poreuse est étudié pour $e = 10, 15, 20, 25$ et 30 %. La figure IV-6 compare les valeurs de l'amplitude des oscillations de Cl en fonction de la perméabilité K pour les différentes épaisseurs. On peut constater que toutes les courbes ont la même tendance de variation. L'amplitude des oscillations de Cl diminue avec K pour une épaisseur de la couche poreuse donnée, atteint un minimum local au voisinage près de $K = 4.10^{-3}$, puis elle augmente avec K et s'approche asymptotiquement de sa valeur obtenue sans contrôle. On déduit de la figure IV-6 que l'amplitude des oscillations de Cl est fortement influencée par l'épaisseur de la couche poreuse, surtout au voisinage de $K = 4.10^{-3}$, où la plus grande réduction de $[max(Cl) - min(Cl)]$ se produit. En effet, l'amplitude des oscillations de Cl a chuté d'environ 26% pour e = 10% et peut atteindre jusqu'à 49% pour e = 30 %. En conséquence, on peut conclure que l'augmentation de l'épaisseur de la couche poreuse placée derrière l'obstacle permet une réduction importante de la force de portance, ce qui réduit la vibration transversal pouvant causer des dommages au système.

La figure IV-7 illustre l'effet de l'épaisseur de la couche poreuse sur la variation des amplitudes du coefficient de traînée avec la perméabilité K. On constate que pour toutes les épaisseurs de la couche poreuse, les courbes ont également la même tendance de variation. L'amplitude des fluctuations de Cd montre une diminution notable avec l'augmentation de l'épaisseur de la couche poreuse, notamment au voisinage de $K = 2.10^{-1}$ où la plus grande réduction de $[max(Cd) - min(Cd)]$ se produit. Par exemple, une diminution de l'amplitude des oscillations de Cd d'environ 30% et 70% a été observée à $K = 2.10^{-1}$ lorsque nous passons de e = 0% à 10% et de e = 0% et 30% respectivement. Au delà de cette valeur de K, toutes les courbes tendent vers la valeur asymptotique de $[max(Cd) - min(Cd)]$ obtenue sans contrôle.

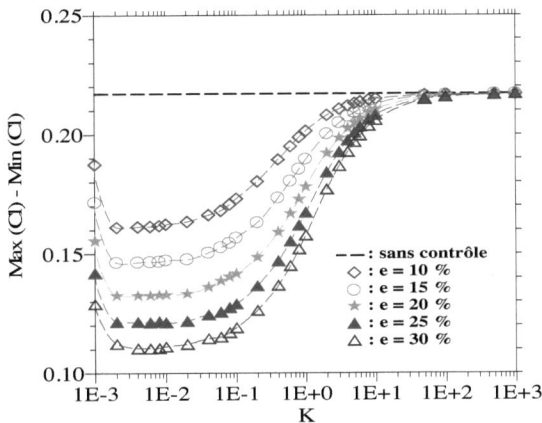

Figure IV-6. *Variation de (max(Cl) − min(Cl)) en fonction de la perméabilité pour différentes épaisseurs de la couche poreuse*

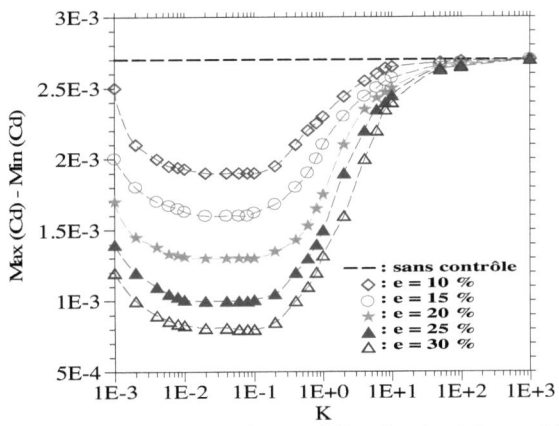

Figure IV-7. *Variation de (max(Cd) − min(Cd)) en fonction de la perméabilité pour différentes épaisseurs de la couche poreuse*

IV.5.2.2. Effet sur les lignes de courants

La figure IV-8a représente les lignes de courant autour du cylindre à base carrée à des intervalles de temps égaux au cours d'une période de formation de tourbillons, en absence d'une couche poreuse. Pour les mêmes intervalles de temps, nous avons présenté sur la figure IV-8b les lignes de courant autour du même cylindre, en présence d'une couche poreuse d'épaisseur $e = 30\%$. Une observation attentive de la figure IV-8 montre que, en présence de la couche poreuse, les tourbillons qui se détachent de l'obstacle se diffusent rapidement dans le cœur de l'écoulement. La présence de la couche poreuse peut ainsi affecter l'interaction des tourbillons générés par l'obstacle, entraînant ainsi des modifications des amplitudes des coefficients de portance et de traînée comme a été montré précédemment.

IV.5.2.3. Effet sur le nombre de strouhal

La figure IV-9 montre la variation du nombre de Strouhal en fonction de la perméabilité K pour une épaisseur de la couche poreuse fixe ($e = 30\%$). Par rapport à la valeur obtenue sans contrôle, le nombre de Strouhal montre une légère augmentation inférieure à 3% au voisinage de la valeur de la perméabilité où la plus grande réduction de l'amplitude des oscillations Cl et Cd se produit. Par conséquent, contrairement observé sur la variation des fluctuations de la portance et la traînée en fonction de la perméabilité, le nombre de Strouhal ne dépend pas de façon significative à la mise en œuvre de la couche poreuse sur la face arrière du cylindre à base carrée.

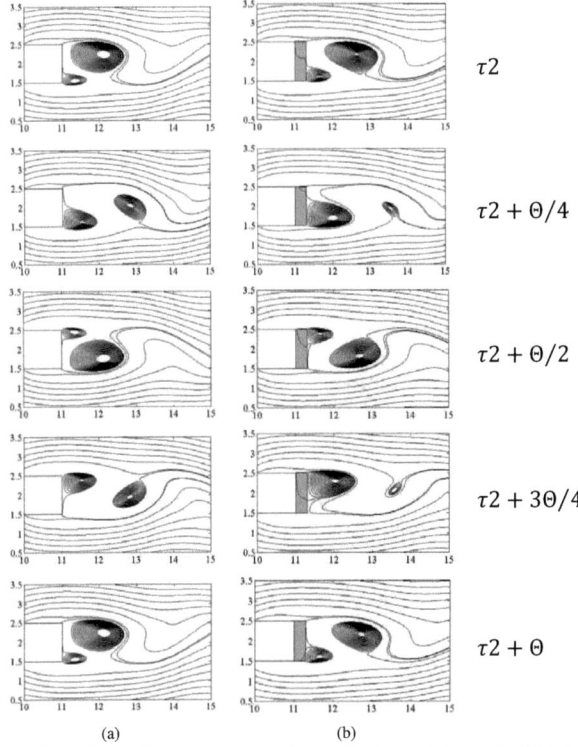

(a)	(b)

FigureIV-8. *Lignes de courant par cycle de détachement des tourbillons à Re = 150 (intervalle de temps Θ/4, Θ est la période d'un cycle).*
(a) e = 0% ; (b) e = 30%

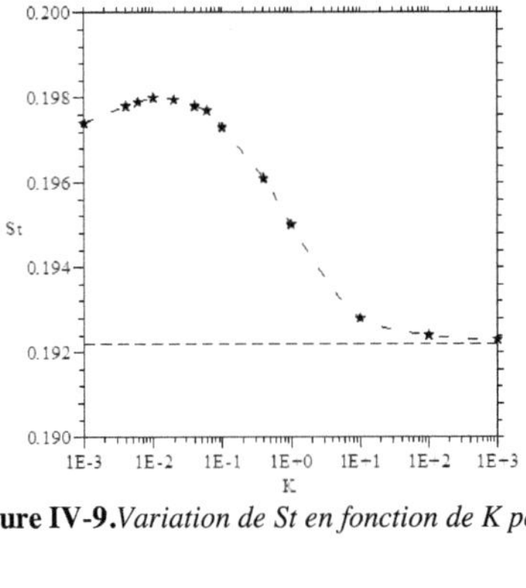

Figure IV-9. *Variation de St en fonction de K pour e = 30%*

IV.6 Conclusion

Dans ce travail, une étude numérique est présentée pour examiner le contrôle passif de l'écoulement en introduisant une couche poreuse entre un cylindre à base carrée et le fluide à l'intérieur d'un canal horizontal.

Pour un nombre de Reynolds fixé à $Re = 150$, les calculs ont été effectués pour différentes valeurs de perméabilité allant de 10^{-3} à 10^3 et différentes épaisseurs de la couche poreuse allant de 10 à 30%. Les résultats obtenus dans cette étude peuvent être résumés comme suit:

✓ L'introduction d'une seule couche poreuse derrière l'obstacle réduit considérablement les variations des amplitudes des coefficients de portance et de traînée. Ce résultat met clairement en évidence l'intérêt du contrôle qui réside dans la stabilité de l'écoulement en présence d'une couche poreuse.

✓ Avec un bon choix de l'épaisseur et de la perméabilité de la couche poreuse, la réduction des amplitudes des oscillations de Cl et Cd peuvent atteindre 49% et 70% respectivement.

✓ Pour toutes les épaisseurs de la couche poreuse utilisées dans cette étude, la plus grande réduction des amplitudes des oscillations de Cl et Cd se produit aux voisinages de $K = 4.10^{-3}\ et\ K = 2.10^{-2}$ respectivement.

✓ La mise en œuvre de la couche poreuse derrière l'obstacle a un effet insignifiant sur le nombre de Strouhal.

Chapitre V

ÉCOULEMENT DE NANOFLUIDE (*Eau/Cu*) DERRIÈRE UNE MARCHE DESCENDANTE

ChapitreV

Écoulement de nanofluide (*Eau/Cu*) derrière une marche descendante

V.1. Introduction

Il est bien connu que l'étude de l'écoulement derrière une marche descendante constitue un domaine très important en mécanique des fluides. Depuis les travaux de Armaly et al., (1983), plusieurs études ont été menées dans ce domaine comme celles de Kim et Moin (1985), Gärtling (1990), Vradis et al., (1992), Abu-Mulaweh (2003), Ramsak et Skerget (2004),Tinney et Ukeiley (2009),....etc. Ces auteurs ont utilisé de l'air (fluide pur) comme fluide de base afin de prédire les comportements dynamique et thermique de l'écoulement derrière une marche descendante.

Cependant, au mieux de notre connaissance, très peu d'études concernent ce type d'écoulement utilisant des nanofluides. C'est en fait une autre méthode pour contrôler l'écoulement et le transfert de chaleur moyennant des nanoparticules dispersées dans le fluide de base. Abu-Nada (2008) était le premier qui a analysé l'effet des nanoparticules sur les comportements hydrodynamique et thermique de l'écoulement de nanofluides derrière une marche descendante. Ses résultats, obtenus en convection forcée, montrent que les nanoparticules possédant une conductivité thermique élevée conduisent à une amélioration du transfert de chaleur en dehors des zones de recirculation. Alors que dans les zones de recirculation, les nanoparticules ayant une faible conductivité thermique ont une meilleure amélioration du transfert de chaleur.

On peut citer d'autres travaux relatifs à ce type de configuration utilisant des nanofluides. Par exemples, Al-Aswadi et al., (2010) ont étudié numériquement la convection forcée de l'écoulement de nanofluides derrière une marche descendante, placée dans un canal horizontal. Différents types de nanoparticules (Au, Ag, Al_2O_3, Cu, CuO, $diamant$, SiO_2 et TiO_2) dispersées dans l'eau (fluide de base) ont été considérées dans leur étude. Ils ont montré que pour les différents types de nanoparticules, la longueur de rattachement et la taille de recirculation augmentent lorsque le nombre de Reynolds augmente. En outre, ils ont montré que le nanofluide ayant la faible densité volumique de nanoparticules, tels que le SiO_2, a la vitesse la plus élevée. L'effet de l'écoulement de nanofluides derrière une petite marche descendante, placée dans une conduite horizontale, sur le transfert de chaleur a été analysé numériquement par Kherbeet et al., (2012). Leurs résultats, obtenus en convection mixte, pour les différentes nanoparticules (Al_2O_3, CuO, SiO_2 et ZnO), montrent que le nombre de Nusselt augmente avec l'augmentation de la fraction volumique des nanoparticules et du nombre de Reynolds. En outre, ils ont constaté également que le nombre de Nusselt augmente avec la diminution du diamètre des nanoparticules. Les mêmes types de nanoparticules ont été utilisés également par Mohammed et al., (2012) pour étudier leurs effets sur le transfert de chaleur à travers une marche ascendante placée dans canal verticale. Ils ont constaté que les nanoparticules de diamant favorisent mieux le transfert de chaleur par convection mixte dans la région de recirculation primaire. Tandis que les nanoparticules de SiO_2 conduisent à une amélioration du transfert de chaleur en aval de la région de recirculation primaire.

Le présent travail, constituant ce chapitre, est une contribution à la connaissance actuelle de l'écoulement derrière une marche descendante utilisant des nanofluides. Il s'agit d'étudier numériquement la convection mixte de l'écoulement de nanofluide (*Eau/Cu*) derrière une marche descendante afin de prédire l'effet de la fraction volumique de *Cu* et du nombre de Richardson, caractérisant la force de poussée dite aussi de flottabilité, sur le comportement hydrodynamique de l'écoulement ainsi que sur le transfert de chaleur associé.

V.2. Modèle physique et conditions aux limites

Le modèle physique de l'écoulement, supposé laminaire et bidimensionnel, derrière une marche descendante est représenté sur la figure V-1.

Les conditions aux limites dynamique et thermique s'écrivent sous formes adimensionnelles suivantes :

En $x = 0$ et $0 \leq y \leq 1/2$: $u = v = 0$ et $\theta = 1$

En $x = 0$ et $1/2 \leq y \leq 1$:

$$u(y) = -16(y^2 - 3/2\, y + 1/2), v = 0 \text{ et } \theta(y) = 2(1-y).$$

En $0 < x < 26$ et $y = 0$:

$$u = v = 0 \text{ et } \theta = 1$$

En $0 < x < 26$ et $y = 1$:

$$u = v = 0 \text{ et } \theta = 0$$

A la sortie du canal :

$$\frac{\partial \emptyset}{\partial t} + u_{moy} \frac{\partial \emptyset}{\partial x} = 0 \text{ pour } \emptyset = u, v \text{ et } \theta$$

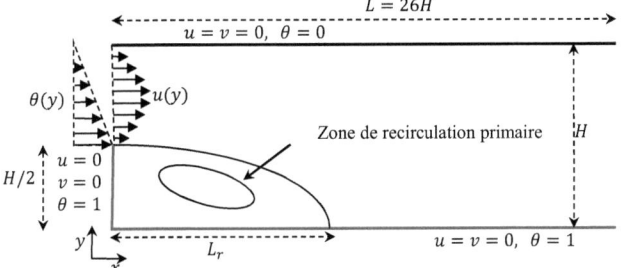

Figure V-1. *Modèle physique de l'écoulement derrière une marche descendante*

V.3. Equations de conservation

Les équations de mouvement et de l'énergie gouvernant le problème sont celles données par les équations (II-28)-(II-31) en choisissant la hauteur H du canal comme grandeur caractéristique de longueur et en gardant la vitesse maximale u_0 à l'entrée du canal comme grandeur de référence des vitesses.

Le nombre de Nusselt moyen caractérisant le flux de chaleur échangé entre la paroi horizontale et le nanofluide en écoulement est défini comme suit :

$$\overline{Nu} = \frac{1}{26} \int_0^{26} Nu(x) dx \qquad (V\text{-}1)$$

où $Nu(x)$ est le nombre de Nusselt local, donné par (Abu-Nada (2008)) :

$$Nu(x) = \frac{1}{\theta_b(x)-1} \frac{k_{nf}}{k_f} \frac{\partial \theta}{\partial y}\bigg|_{paroi} \qquad (V-2)$$

avec
$$\theta_b(x) = \frac{\int_0^1 u\theta dy}{\int_0^1 u dy} \qquad (V-3)$$

Le fluide de base (*Eau*) et les nanoparticules (*Cu*) sont supposés en équilibre thermique et toutes ses propriétés physiques données dans le tableau V-1 sont supposées constantes.

TableauV-1. *Propriétés thermophysiques*

Propriété	Fluide de base (*Eau*)	Nanoparticules (*Cu*)
Cp (J/kg K)	4179	385
ρ (kg/m³)	997.1	8933
k (W/m K)	0.613	400
$\alpha \times 10^7$ (m²/s)	1.47	1163.1

V.4. Etude de maillage

Les calculs sont effectués en utilisant une grille non uniforme contenant 366x119 points avec des pas d'espace $10^{-2} \leq \Delta x \leq 10^{-1}$ et $10^{-3} \leq \Delta y \leq 10^{-2}$. Cette grille a été choisie de façon à ce que suffisamment de points soient placés dans les couches limites afin de mieux évaluer les fortes variations des variables du problème près des parois.

Afin d'étudier l'influence du maillage sur la précision des solutions, trois grilles ont été testées (195× 53, 366×119 et 561×255) pour $Re = 450$, $Ri = 0$, $Pr = 6.2$ et $\varphi = 0$ (fluide pur). Les résultats numériques, reportés dans le tableau (V-2), montrent que lorsqu'on passe de la grille 195× 53 à la grille 366×119 puis à la grille 561×255, les valeurs numériques de la longueur de rattachement L_r, du nombre de Nusselt moyen $\overline{Nu}_B$ sur la paroi inférieure et du nombre de Nusselt moyen $\overline{Nu}_H$ sur la paroi supérieure du canal, subissent des variations de 6% à 1.5%, de 21.2% à 0.7% et de 7.7% à 1.1% respectivement. Il est à noter que le nombre de Nusselt moyen et la longueur de rattachement sont des indicateurs très sensibles au maillage. D'après ces résultats, on estime que la grille 366×119 est suffisante pour avoir un compromis entre précision et temps de calcul.

Tableau V-2 : *Valeurs numériques de Lr et $\overline{Nu}$ obtenues à Re=450 pour différentes grilles.*

Grille	195× 53 0.01≤ Δx ≤0.3 0.005≤ Δy ≤0.045	366×119 0.01≤ Δx ≤0.1 0.001≤ Δy ≤0.01	561×255 0.05≤ Δx ≤0.07 0.0005≤ Δy ≤0.05
Lr	3.46	3.25	3.20
$\overline{Nu}_B$	2.743	2.161	2.145
$\overline{Nu}_H$	2.268	2.092	2.07

Afin d'éviter l'apparition des instabilités numériques, nous avons utilisé la condition de Courant-Friedrichs-Lewy (CFL) sur le choix du pas de temps. Cette condition impose que la distance parcourue par une particule fluide, pendant un pas de temps $\Delta\tau$, doit être inférieure ou égale au plus petit pas d'espace de la grille, ce qui conduit à :

$$\Delta\tau \leq \left\{\frac{\Delta x_{min}}{u_{max}}, \frac{\Delta y_{min}}{v_{max}}\right\} \qquad (V-4)$$

A partir de cette condition, le pas de temps que nous avons utilisé est de l'ordre de $\Delta\tau = 5\ 10^{-3}$. Notons qu'un pas de temps de $\Delta\tau = 2.5\ 10^{-3}$ n'a porté aucun changement sur les résultats numériques.

V.5. Résultats et discussions

Les calculs sont effectués pour différents nombres de Richardson Ri allant de 0 à 2.85 et une gamme de fraction volumique des nanoparticules compris entre φ = 0 et 0.2, en fixant le nombre de Reynolds et le nombre de Prandtl respectivement à Re =450 et $Pr = 6.2$.

Le traçage des lignes de courant permet d'interpréter la topologie de l'écoulement derrière la marche descendante. Pour une fraction volumique fixée à φ =10%, différents instantanés des lignes de courant, obtenus pour Ri =1 et Ri =2, sont représentés sur la figure V-2. On remarque que, pour Ri =1, les lignes de courant sont parallèles en aval de la zone de recirculation primaire, indiquant ainsi un écoulement stationnaire dans cette région. Pour Ri =2, un changement remarquable dans la structure globale d'écoulement est observé en aval de la zone de recirculation où un régime oscillatoire est clairement distingué. En fait, ce comportement est dû à la présence des cellules de convection qui sont créées près des parois horizontales et qui se déplacent dans le sens de l'écoulement principal. En effet, la variation temporelle du nombre de Nusselt moyen sur les parois horizontales, reportée sur la figure V-3 montre clairement que la nature oscillatoire de $\overline{Nu}$ signifie le mouvement de ces cellules. Leurs naissances sont provoquées par les zones de dépression créées par les forces de flottabilité lorsque celles-ci jouent un rôle majeur.

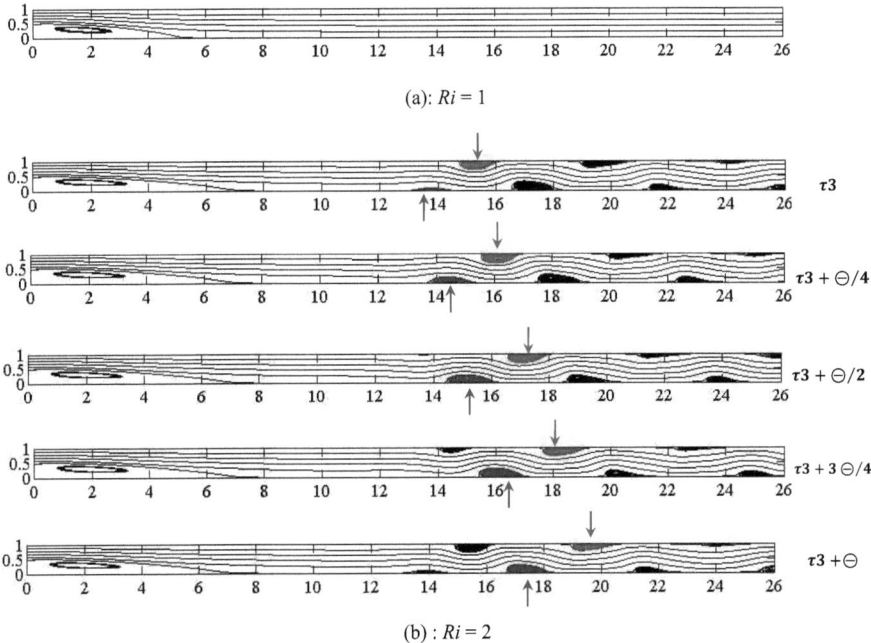

Figure V-2. Lignes de courant par cycle de naissance de la première cellule de convection sur la paroi horizontale pour $Ri = 1$ et $Ri = 2$ ($\varphi = 10\%$) (intervalle de temps $\ominus/4$, $\ominus$ est la période d'un cycle).

Compte tenu des résultats obtenus, il apparaît clairement que la force de poussée, lorsque celle-ci joue un rôle majeur, a un effet considérable sur la structure globale de l'écoulement. Cet effet se manifeste par l'apparition des cellules de convection qui se déplacent dans le sens de l'écoulement principal et conduisant ainsi à un régime oscillatoire de l'écoulement en aval de la zone de recirculation primaire.

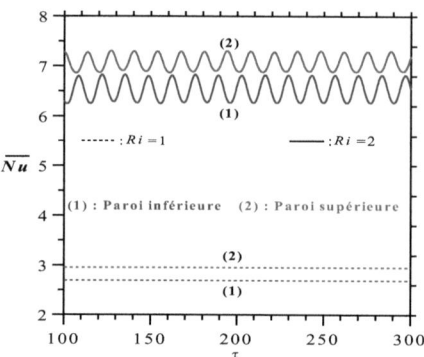

Figure V-3. *Variation temporelle du nombre de Nusselt moyen sur les parois horizontales*

En se basant sur la visualisation de la structure globale de l'écoulement et en augmentant progressivement le nombre de Richardson à partir de $Ri = 1$, l'apparition des cellules de convection est observée approximativement à partir du nombre de Richardson critique $Ri_c = 1.4$. Pour les différentes fractions volumiques des nanoparticules considérées dans notre étude, les résultats numériques reportés sur la figure V-4 montrent que le nombre de Richardson critique Ri_c augmente avec l'augmentation de la fraction volumique φ. Ceci peut s'expliquer par l'augmentation de la viscosité dynamique du nanofluide lorsque φ augmente (voir équation II-22) et par conséquent les forces de frottement sur les parois horizontales augmentent. Ces forces tendent à s'opposer à la formation des cellules de convection, ce qui retarde la transition vers le régime d'écoulement oscillatoire. En se reportant encore à la figure V-4, on remarque que Ri_c varie quasi-linéairement avec φ et peut être corrélé par une relation de type :

$$Ri_c = 6.5\varphi + 0.8 \qquad (V-5)$$

valable pour une gamme de concentration des nanoparticules variant de $\varphi = 0\%$ à $\varphi = 20\%$. Cette loi empirique, déterminée par la méthode de moindre carrée, est en bon accord avec nos valeurs numériques avec des écarts inférieurs à 3.8%. En outre, la courbe donnée par cette corrélation divise le plan (Ri, φ) en deux domaines permettant de définir la nature de l'écoulement derrière la zone de recirculation primaire pour des valeurs de Ri et φ données.

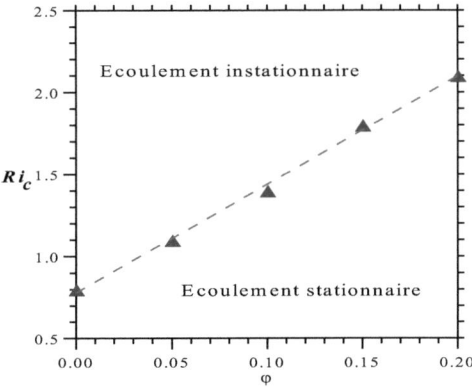

Figure V-4. *Diagramme définissant les différents régimes d'écoulement*
(▲: *Résultat numérique de* Ri_c ------ : *Loi empirique*)

En augmentant encore et progressivement le nombre de Richardson à partir de Ri_c, les résultats numériques, reportés sur la figure V-5, montrent que la naissance des cellules de convection s'approche de la zone de recirculation primaire au fur et à mesure que Ri croît. Lorsque le nombre de Richardson dépasse les valeurs limites Ri_l = 1.1, 1.55, 2, 2.4 et 2.85 respectivement pour φ = 0%, 5%, 10%, 15% et 20%, et contrairement à ce qui a été observé pour $Ri \leq Ri_l$, une variation dans le temps de la longueur de rattachement a été notée, comme le montre la figure V-6. Notons que le comportement oscillatoire de Lr est dû en fait, comme illustré sur la figure V-7, par la génération d'un petit tourbillon, située à l'extrémité de la zone de recirculation primaire, qui se développe en taille dans le temps et finir par quitter la zone de recirculation primaire.

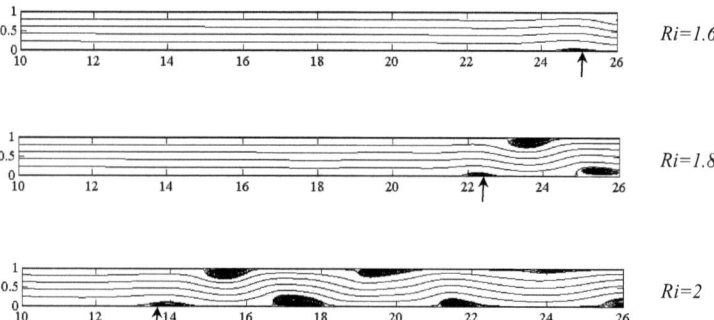

Figure V-5. *Positions des cellules de convection pour différents nombre de Richardson*

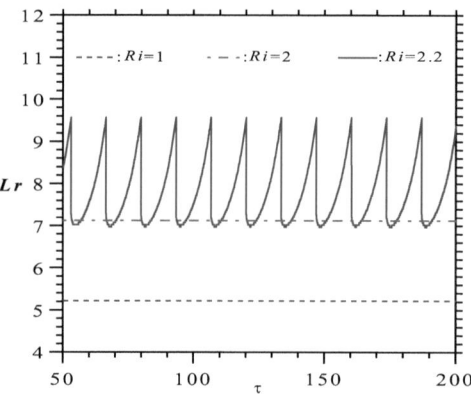

Figure V-6. *Variation temporelle de la longueur de rattachement pour différents nombre de Richardson*

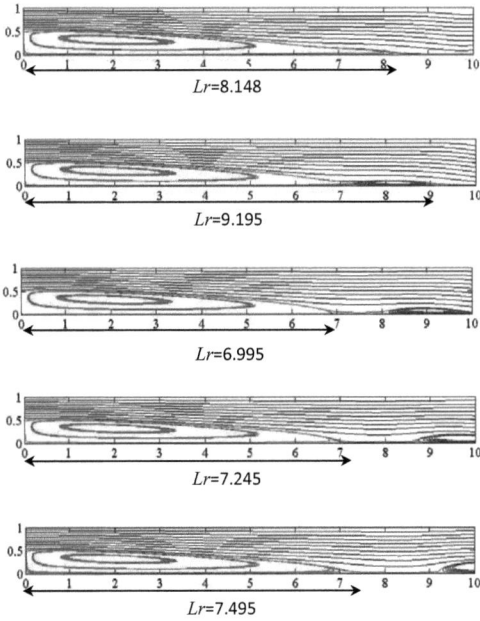

Figure V-7. *Développement transitoire des lignes de coutant pour Ri = 2.2 à des intervalles de temps égaux (φ = 10%)*

Dans ce qui suit, notre étude est limitée à l'écoulement de nanofluide correspondant à $Ri \leq Ri_l$. Notre objectif est d'analyser l'effet des forces de flottabilité, ainsi que la fraction volumique des nanoparticules sur la longueur de rattachement et sur le flux de chaleur échangé entre les parois horizontales et le nanofluide en écoulement.

La figure V-8 représente la variation de la longueur de rattachement avec le nombre de Richardson pour différentes concentrations de nanoparticules. On remarque que, pour toutes les fractions volumiques considérées dans notre étude, la longueur de rattachement augmente de façon monotone avec l'augmentation du nombre de Richardson et diminue à mesure que la fraction volumique augmente pour une valeur fixé de Ri. Pour chaque valeur de φ, les résultats numériques montrent que Lr varie linéairement avec Ri et peut être corrélée par une relation de type :

$Lr = 2.67\ Ri + 3.78$ pour $\varphi = 0\%$ et $0 \leq Ri \leq 1.10$ (V-6a)

$Lr = 2.36\ Ri + 3.48$ pour $\varphi = 5\%$ et $0 \leq Ri \leq 1.55$ (V-6b)

$Lr = 1.91\ Ri + 3.31$ pour $\varphi = 10\%$ et $0 \leq Ri \leq 2.00$ (V-6c)

$Lr = 1.58\ Ri + 3.00$ pour $\varphi = 15\%$ et $0 \leq Ri \leq 2.40$ (V-6d)

$Lr = 1.24\ Ri + 2.79$ pour $\varphi = 20\%$ et $0 \leq Ri \leq 2.85$ (V-6e)

Notons que ces corrélations, obtenues par la méthode de moindre carrée, sont en bon accord avec nos valeurs numériques avec des écarts inférieurs à 2.5%.

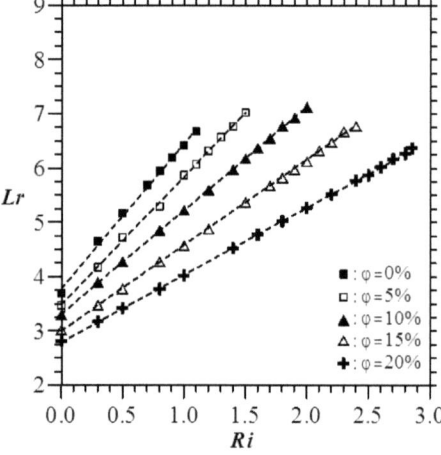

Figure V-8. *Effet de la concentration de nanoparticules sur la variation de Lr avec Ri*

La figure V-9 représente les isothermes obtenus à $Ri = 0.5$ pour différentes valeurs de φ. Le resserrement des isothermes à proximité des parois horizontales est observé en augmentant la concentration des nanoparticules. Cela provoque l'amincissement de la couche limite thermique et par conséquent l'augmentation du transfert de chaleur. En effet, l'observation de la figure V-10, où l'on a reporté la distribution du nombre de Nusselt local sur les parois horizontales révèle une nette augmentation du nombre de Nusselt lorsque la concentration de nanoparticules augmente. Comme mentionné par Abu-Nada (2008), l'amélioration du transfert de chaleur est due à l'augmentation des forces d'inertie et de la conductivité thermique du nanofluide.

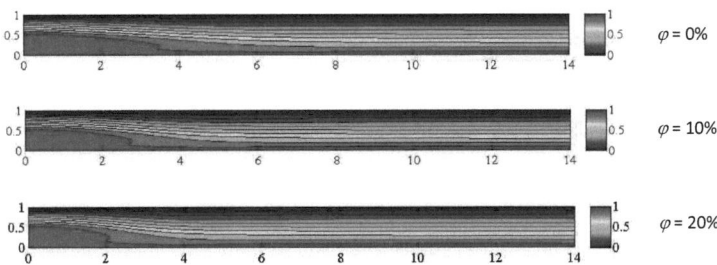

Figure V-9. *Isothermes pour différentes concentrations de nanoparticules à Ri = 0.5*

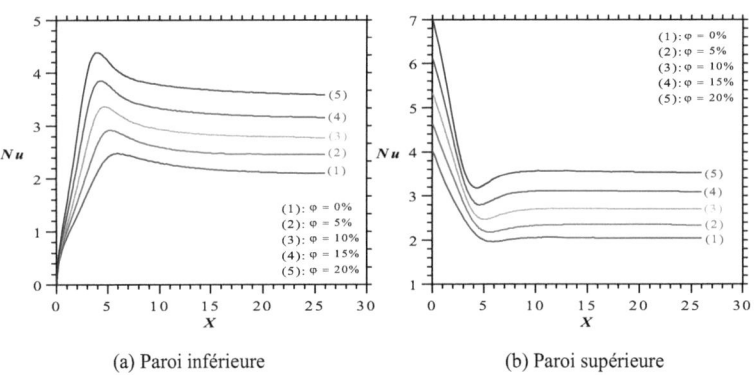

(a) Paroi inférieure (b) Paroi supérieure

Figure V-10. *Distribution du nombre de Nusselt local sur les parois horizontales*

La figure V-11 représente la variation du nombre de Nusselt moyenné dans l'espace et dans le temps, $\langle \overline{Nu} \rangle$, pour diverses concentrations des nanoparticules. $\langle \overline{Nu} \rangle$ est défini par l'expression suivante :

$$\langle \overline{Nu} \rangle = \frac{1}{\tau_2 - \tau_1} \int_{\tau_1}^{\tau_2} \overline{Nu}\, d\tau \qquad (V\text{-}7)$$

Cette figure montre que le domaine du nombre de Richardson pour lequel le nombre de Nusselt moyen ne présente qu'une légère variation est d'autant plus étendu que la concentration augmente. Dans ce domaine, les forces de flottabilité ont un effet négligeable sur l'amélioration du transfert de chaleur et c'est la convection forcée qui domine. Pour chaque fraction volumique des nanoparticules, les résultats numériques montrent que le flux de chaleur échangé entre la paroi horizontale et le nanofluide marque une augmentation remarquable lorsque Ri dépasse le nombre de Richardson critique Ri_c, ce qui met en évidence la forte contribution des forces de flottabilité sur l'augmentation du transfert de chaleur. Par conséquent, le régime de convection mixte se produit au-delà de Ri_c. Par exemple, pour $\varphi = 10\%$, le flux de chaleur a subi une augmentation de 146% et de 131% respectivement sur les parois inférieure et supérieure lorsque Ri croît de Ri_c à Ri_l. Comme prévu, la présence des cellules de convection générées à proximité des parois horizontales est à l'origine de cette augmentation. En effet, comme le montre la figure V-12, les cellules de convection fournissent le meilleur mélange du fluide chaud avec le fluide froid et, par conséquent, un transfert de chaleur le plus élevé.

En se reportant encore à la figure V-11, lorsque l'écoulement est stationnaire ($Ri < Ri_c$), et contrairement à ce qui a été observé sur la paroi supérieure, le nombre de Nusselt moyen $\langle \overline{Nu} \rangle$ subit une légère diminution sur la paroi inférieure en augmentant Ri. En fait, cette diminution s'explique par la présence de la zone de recirculation primaire qui tourne sur place et qui augmente en taille derrière la marche descendante lorsque Ri augmente, agissant ainsi comme une barrière contre le transfert de chaleur de la paroi inférieure vers l'écoulement. Lorsque Ri dépasse Ri_c, les cellules de convection emportent cette diminution et améliorent davantage le transfert de chaleur.

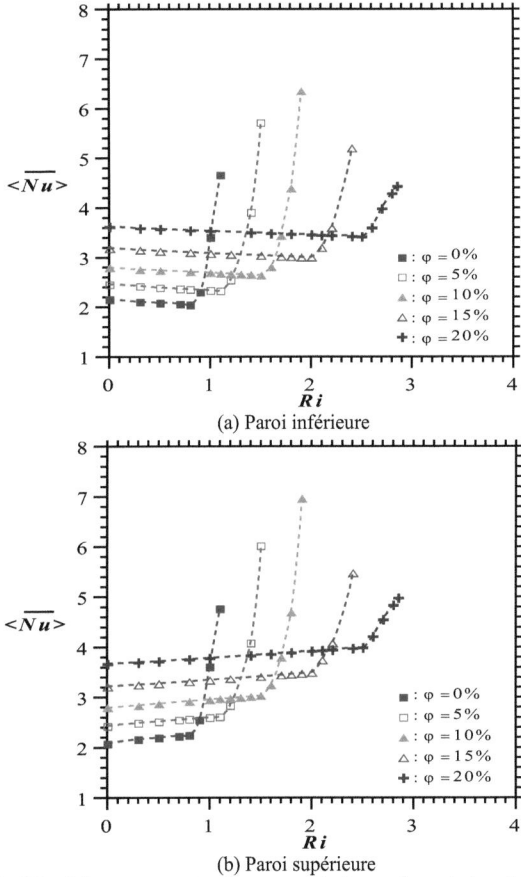

Figure V-11. *Effet de la concentration de nanoparticules sur la variation de $\langle \overline{Nu} \rangle$ avec Ri*

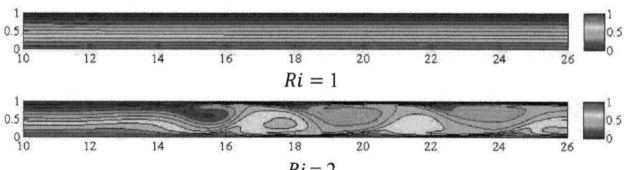

Figure V-12. *Isothermes pour deux nombres de Richardson de part et d'autre de $Ri_c = 1.4$ ($\varphi = 10\%$)*

V.6. Conclusion

Une étude numérique de l'effet des forces de flottabilité sur le comportement hydrodynamique et thermique de l'écoulement de nanofluide (*eau/Cu*) derrière une marche descendante a été réalisée pour différentes concentrations de nanoparticules. Pour une gamme du nombre de Richardson Ri allant de 0 jusqu'à 2,85 et une fraction volume de nanoparticules φ variant de 0% à 20%, les résultats obtenus peuvent être résumés comme suit:

✓ Le nombre Richardson critique Ri_c, caractérisant l'apparition des cellules de convection à proximité des parois horizontales, augmente avec la fraction volumique φ. Il peut être corrélé par la relation suivante : $Ri_c = 6.5\ \varphi + 0.8$

✓ Pour différents nombres de Richardson et différentes fractions volumiques de nanoparticules considérées dans cette étude, la longueur de rattachement Lr peut être corrélée par une relation de type : Lr = aRi + b

Les valeurs des coefficients "a" et "b" sont données par l'équation (V-6)

✓ Pour chaque fraction volumique de nanoparticules, la force de flottabilité joue un rôle majeur dans l'amélioration du transfert de chaleur lorsque Ri dépasse le nombre de Richardson critique Ric.

Chapitre VI

CONTRÔLE DE L'ÉCOULEMENT D'EAU AUTOUR D'UN OBSTACLE PAR L'AJOUT DES NANOPARTICULES de CUIVRE

Chapitre VI

Contrôle de l'écoulement d'eau autour d'un cylindre à base carrée par l'ajout des nanoparticules de cuivre

VI.1. Introduction

Dans ce chapitre, nous étudions par voie de simulation numérique l'écoulement de nanofluide (Eau/Cu) autour d'un obstacle chauffé ayant la forme d'un cylindre à base carrée. La configuration du problème à étudier est celle représentée sur la figure IV-1 en absence de milieu poreux. Différents nombres de Reynolds, de Richardson et de fractions volumiques des nanoparticules allant respectivement de $Re = 85$ à 200, de $Ri = 0$ à 4.5 et de $\varphi = 0$ à 12%, ont été considérés dans cette étude, en fixant le nombre de Prandtl à $Pr = 6.2$. L'objectif est focalisé sur l'impact de l'ajout des nanoparticules de cuivre dans le fluide de base sur les coefficients globaux de l'écoulement et sur le flux de chaleur transféré de l'obstacle vers le fluide qui l'entoure, ceci en convection forcée et en convection mixte. Les équations de base régissant l'écoulement et le transfert de chaleur, relatives à ce modèle physique, sont détaillées au chapitre II. En outre, tous les résultats présentés dans ce chapitre sont obtenus en utilisant un maillage non uniforme comportant 249×93 points. Comme on l'a montré au chapitre IV, ce maillage est suffisant pour avoir un compromis entre précision et temps de calcul.

VI.2. Convection force ($Ri = 0$)

Dans ce paragraphe, nous analysons l'effet de la fraction volumique des nanoparticules sur les comportements hydrodynamique et thermique de l'écoulement de nanofluide (Eau/Cu) à travers un cylindre à base carrée en convection forcée. On étudiera plus particulièrement l'effet de l'ajout des nanoparticules dans le fluide de base sur les coefficients globaux de l'écoulement, à savoir le nombre de Strouhal, le coefficient de traînée et le coefficient de portance, ainsi que sur le flux de chaleur transféré de l'obstacle vers le nanofluide.

VI.2.1. Etude dynamique

VI.2.1.1. Effet de la fraction volumique de nanoparticules sur la structure globale de l'écoulement

La figure VI-1 représente la variation du nombre de Reynolds critique Re_c, définissant le passage d'un régime d'écoulement stationnaire vers le régime d'écoulement périodique, en fonction de la fraction volumique des nanoparticules (φ). Comme mentionné par Turki et al., (2003a), le régime d'écoulement stationnaire, correspondant à $Re < Re_c$, est caractérisé par l'apparition de deux tourbillons contrarotatifs tournant sur place derrière le cylindre (Figure VI-2) alors que le régime d'écoulement périodique, correspondant à $Re \geq Re_c$, est caractérisé par le détachement d'une paire de tourbillons par cycle derrière l'obstacle, donnant lieu à la formation des allées de Von Karman (Figure VI-3a). En se reportant aux résultats présentés sur la figure VI-1, il est clair que la présence des nanoparticules dans le fluide de base (Eau) a un effet remarquable sur la valeur du nombre de Reynolds critique, en particulier à des faibles concentrations de nanoparticules. Re_c décroît rapidement lorsque φ augmente, atteint un minimum local au voisinage de $\varphi = 6\%$ puis il augmente lentement avec l'augmentation de la fraction volumique des nanoparticules. En effet, en augmentant la concentration de 0% à 6%, le nombre de Reynolds critique subit une réduction de l'ordre de 29%, tandis qu'une augmentation de 17% est observée sur Re_c lorsque la concentration augmente de 6% à 12%.

La courbe $Re_c = f(\varphi)$ divise le diagramme (Re-φ) en deux domaines permettant de définir la structure globale de l'écoulement derrière le cylindre pour un couple (Re, φ) donné.

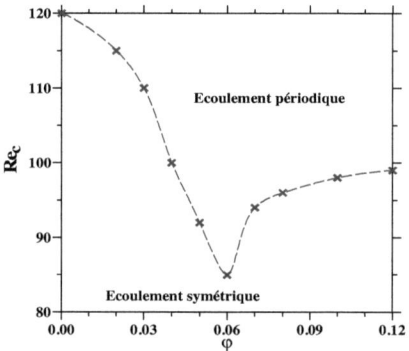

Figure VI-1. *Variation du nombre de Reynolds critique en fonction de la fraction volumique de nanoparticules*

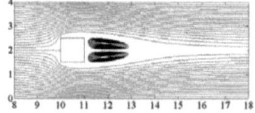

Figure VI-2. *Lignes de courant pour Re= 80 et φ = 0%*

Les figures VI-3b et VI-3c représentent les lignes de courant autour du cylindre, obtenus respectivement pour $\varphi = 6\%$ et $\varphi = 12\%$, prises aux mêmes instants que celles obtenues pour $\varphi = 0\%$. Cette figure met clairement en évidence que la présence des nanoparticules retarde la diffusion des tourbillons dans le cœur de l'écoulement. Ceci peut s'expliquer par l'augmentation de la viscosité dynamique du nanofluide lorsque la concentration des nanoparticules augmente. En conséquence, les forces de cisaillement entre les couches de nanofluide augmentent. Ces forces, qui s'opposent au sens de déplacement des particules fluides, ont pour effet de décélérer le mouvement des tourbillons derrière l'obstacle, et donc retarder leurs détachement de l'obstacle.

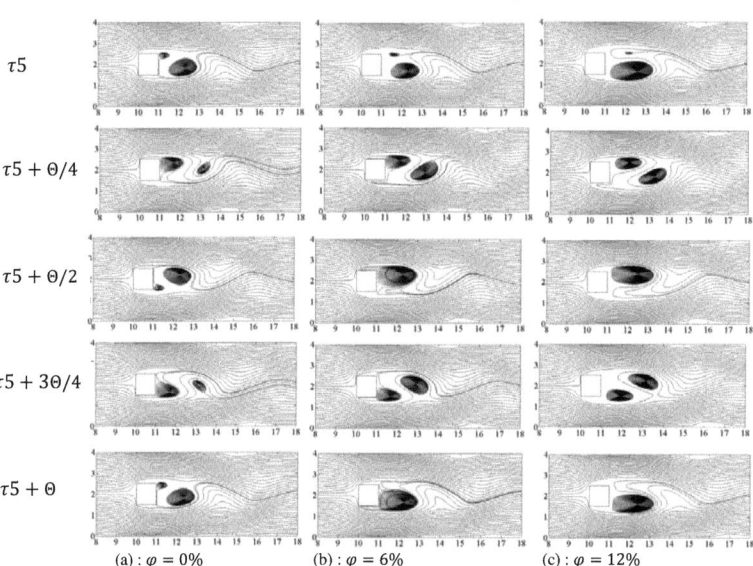

$\tau 5$

$\tau 5 + \Theta/4$

$\tau 5 + \Theta/2$

$\tau 5 + 3\Theta/4$

$\tau 5 + \Theta$

(a) : $\varphi = 0\%$ (b) : $\varphi = 6\%$ (c) : $\varphi = 12\%$

Figure VI-3. *Lignes de courant autour de l'obstacle par cycle de détachement des tourbillons à Re = 150 pour différentes concentrations de nanoparticules* (intervalle de temps $\Theta/4$, Θ est la période d'un cycle).

VI.2.1.2. Effet de la fraction volumique des nanoparticules sur le nombre de Strouhal

La figure VI-4 représente la variation du nombre de Strouhal, caractérisant la fréquence de détachement des tourbillons, en fonction de la fraction volumique des nanoparticules pour différents nombre de Reynolds. On constate que le nombre de Strouhal diminue avec l'augmentation de la concentration des nanoparticules et ce d'autant plus rapidement que le nombre de Reynolds est élevé. Par exemple, lorsque φ passe de 0% à 12%, St subit une réduction de l'ordre de 6.7% et de 15.5% respectivement pour $Re = 150$ et $Re = 200$. Notons que la diminution du nombre de Strouhal signifie le retard de détachement des tourbillons. Sur la figure VI-5 où nous avons présenté l'effet de la fraction volumique des nanoparticules sur la variation du nombre de Strouhal avec le nombre de Reynolds, nous remarquons que l'ajout des nanoparticules de cuivre dans le fluide de base a un effet non seulement de réduire la fréquence de détachement des tourbillons, mais aussi a une influence sur le comportement de la variation de St avec Re, en particulier pour des concentrations relativement élevées. En effet, le nombre de Strouhal augmente très lentement avec le nombre de Reynolds, atteint un maximum à $Re = 140$ et $Re = 120$ respectivement pour $\varphi = 0\%$ et $\varphi = 6\%$, puis il diminue. Pour $\varphi = 12\%$, St diminue progressivement avec Re, ceci dans toute la gamme du nombre de Reynolds considéré dans cette étude.

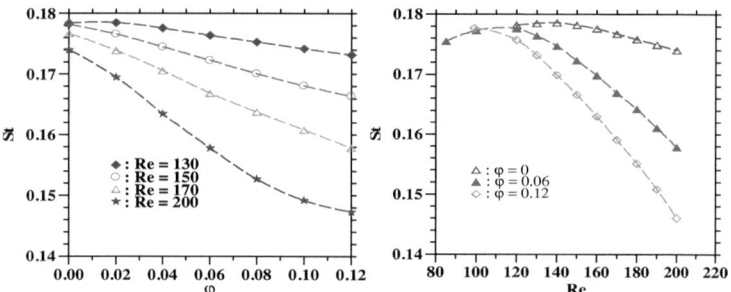

Figure VI-4. *Variation de St avec φ pour différents nombre de Reynolds*

Figure VI-5. *Effet de la concentration de Cu sur la variation de St avec Re*

VI.2.1.3. Effet de la fraction volumique des nanoparticules sur le coefficient de traînée

La figure VI-6 représente la variation du coefficient de traînée moyen <Cd> en fonction de la concentration des nanoparticules φ pour différents nombre de Reynolds. Toutes les courbes présentent le même comportement. Le coefficient de traînée moyen diminue avec l'augmentation de φ, atteint un minimum au voisinage d'une certaine concentration puis il augmente. L'observation de cette figure montre que la concentration des nanoparticules correspondant au minimum de <Cd> est d'autant plus faible que le nombre de Reynolds augmente. En effet, les résultats numériques montrent que le minimum de <Cd> est observé au voisinage de $\varphi = 6\%, 4\%, 2\%$ et 0% respectivement pour $Re = 130, 150, 170$ et 200. Pour les valeurs extrêmes de la concentration des nanoparticules, des effets opposés sont observés sur la variation du coefficient de traînée moyen en augmentant le nombre de Reynolds. En effet, pour $\varphi = 0\%$, une augmentation de Re produit une diminution de <Cd> alors que pour $\varphi = 12\%$, une augmentation de Re produit une augmentation de <Cd>. La figure VI-7 montre clairement que, pour $\varphi = 0\%$, le coefficient de traînée moyen subit une diminution progressive relativement faible en augmentant Re alors que, pour $\varphi = 12\%$, une augmentation progressive est observée sur <Cd> suite à une augmentation de Re. Par exemple, lorsque Re passe de Re_c à 200, <Cd> subit une réduction de l'ordre de 3.6% pour $\varphi = 0\%$ et une augmentation de l'ordre de 9.2% pour $\varphi = 12\%$. Pour les valeurs intermédiaires de φ, la variation de <Cd> avec Re est similaire qu'à celle observée sur la figure VI-6.

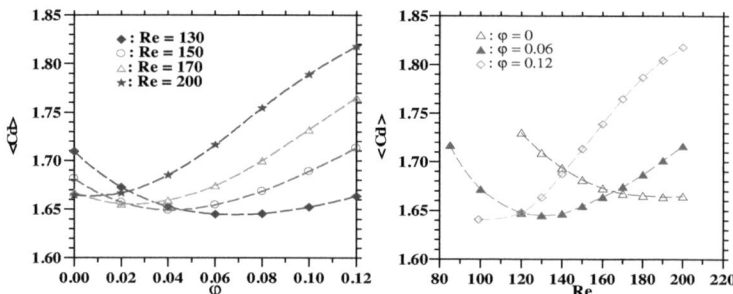

Figure VI-6. *Variation de <Cd> avec φ pour différents nombre de Reynolds*

Figure VI-7. *Effet de la concentration de Cu sur la variation de <Cd> avec Re*

VI.2.1.4. Effet de la fraction volumique des nanoparticules sur le coefficient de portance

L'effet de la fraction volumique des nanoparticules sur le coefficient de portance Cl a été étudié en traçant la variation de [max(Cl)-min(Cl)] en fonction de Re pour diverses concentrations. Notons que, pour $Re > Re_c$ et comme mentionné par Turki et al., (2003a), le coefficient de portance oscille autour de zéro et que son amplitude augmente avec le nombre de Reynolds. Les résultats obtenus, présentés sur la figure VI-8, montrent que, pour $Re < 170$, la concentration des nanoparticules a un effet négligeable sur l'amplitude du coefficient de portance. Par contre, cet effet devient de plus en plus significatif en augmentant la fraction volumique des nanoparticules, ceci à mesure que Re augmente. La figure VI-9, où nous avons présenté la variation de l'amplitude des oscillations du coefficient de portance avec la concentration des nanoparticules, confirme bien ce résultat. Par exemple, lorsque φ croît de 0% à 12%, l'amplitude des oscillations de Cl subit une augmentation de l'ordre de 2.6%, 14.3% et 133% respectivement pour Re =130, 170 et 200. Ce résultat significatif, met clairement en évidence que l'ajout des nanoparticules de cuivre en grande pourcentage, rend l'obstacle dans une position instable à l'écoulement transversal pour des nombres de Reynolds élevés.

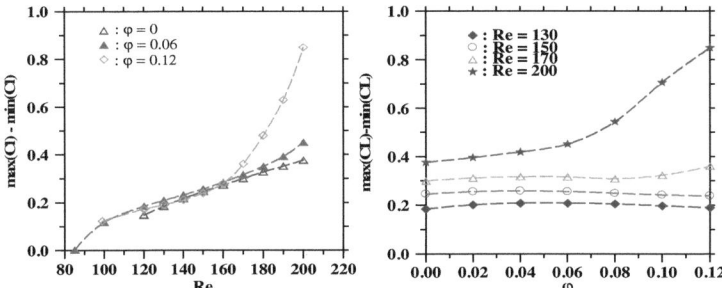

Figure VI-8. *Effet de la concentration de Cu sur la variation de l'amplitude de Cl avec Re*

Figure VI-9. *Variation de [max(Cl)-min(Cl)] avec φ pour différents nombre de Reynolds*

VI.2.2. Etude Thermique

L'effet des nanoparticules de cuivre sur le transfert de chaleur est examiné pour Re allant de 85 à 200, $\varphi = 0\%$, 6% et 12% en fixant le nombre de Prandtl à $Pr = 6.2$. Trois instantanés des isothermes entourant l'obstacle, obtenus pour $\varphi = 0\%$, 6% et 12% sont représentés sur la figure VI-10. Ces isothermes, obtenus à $Re = 150$, sont tracés à un instant arbitraire lorsque le régime d'écoulement derrière l'obstacle est bien établi. Cette figure montre que l'augmentation de la concentration des nanoparticules conduit à de forts gradients de température près des parois de l'obstacle. Cette augmentation est représentée par un resserrement des isothermes à proximité des parois chaudes de l'obstacle, indiquant ainsi que le flux de chaleur transféré de l'obstacle vers le nanofluide est le plus élevé.

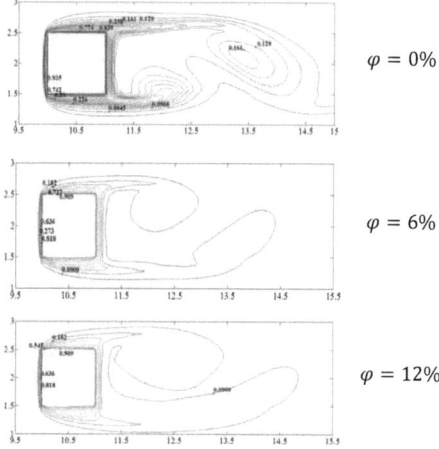

FigureVI-10. *Isothermes pour différentes concentrations de nanoparticules à Re = 150.*

La figure VI-11 confirme ce résultat où nous avons présenté l'effet de la fraction volumique des nanoparticules sur la variation du nombre de Nusselt global $\langle \overline{Nu_t} \rangle$ avec le nombre de Reynolds. On remarque que, pour un nombre de Reynolds fixé, $\langle \overline{Nu_t} \rangle$ augmente avec la fraction volumique des nanoparticules et que cette augmentation est d'autant plus importante que le nombre de Reynolds augmente. Par exemple, Pour $Re = 150$, une amélioration de l'ordre de 7% et 16% est observée sur le flux de chaleur lorsque φ croît de 0% à 6% et de 6% à 12% respectivement alors que, pour $Re = 200$, l'amélioration du transfert de chaleur est de l'ordre de 19% et 42%. En outre, les résultats représentés sur la figure VI-11 montrent qu'il est possible de corréler $\langle \overline{Nu_t} \rangle$ à Re par une relation de type $\langle \overline{Nu_t} \rangle = cRe^d$ puisque $Ln(\langle \overline{Nu_t} \rangle)$ varie linéairement avec $Ln(Re)$. En utilisant la méthode de moindre carrée, les valeurs du coefficient « c » et de l'exposant « d » sont trouvées comme suit :

Pour $\varphi = 0\%$: $\langle \overline{Nu_t} \rangle = 1.264 \, Re^{0.301}$ valable pour $120 \leq Re \leq 200$ \hfill (VI-1)

Pour $\varphi = 6\%$: $\begin{cases} \langle \overline{Nu_t} \rangle = 1.069 \, Re^{0.347} \text{ valable pour } 85 \leq Re \leq 150 \\ \langle \overline{Nu_t} \rangle = 0.184 \, Re^{0.696} \text{ valable pour } 150 \leq Re \leq 200 \end{cases}$ \hfill (VI-2)

Pour $\varphi = 12\%$: $\begin{cases} \langle \overline{Nu_t} \rangle = 0.412 \, Re^{0.563} \text{ valable pour } 100 \leq Re \leq 140 \\ \langle \overline{Nu_t} \rangle = 0.125 \, Re^{0.804} \text{ valable pour } 140 \leq Re \leq 200 \end{cases}$ \hfill (VI-3)

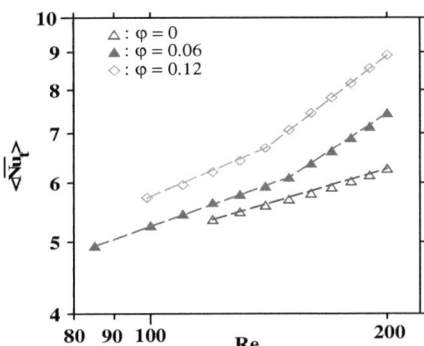

Figure VI-11. *Effet de la concentration de Cu sur la variation de $\langle \overline{Nu_t} \rangle$ avec le nombre de Reynolds*

VI.3. Convection mixte

Dans ce paragraphe nous étudions l'effet du nombre de Richardson Ri, caractérisant la force de flottabilité, sur la structure globale de l'écoulement et sur le transfert de chaleur pour différentes fractions volumiques des nanoparticules ($\varphi = 0\%$, 6% et 12%). Les calculs sont effectués pour une gamme du nombre de Richardson variant de $Ri = 0$ à 4.5, en fixant le nombre de Reynolds à $Re = 150$ et le nombre de Prandtl à $Pr = 6.2$. Il convient de noter que, pour toutes les fractions volumiques des nanoparticules considérées dans cette étude, l'écoulement est trouvé instable lorsque le nombre de Richardson dépasse la valeur $Ri = 4.5$.

VI.3.1. Etude dynamique

La figure VI-12 représente les lignes de courant traversant l'obstacle pour différents nombres de Richardson et deux fractions volumiques des nanoparticules ($\varphi = 0\%$ et $\varphi = 12\%$). En absence des nanoparticules, nous remarquons une déviation d'une grande masse de particules fluides vers la région au dessous de l'obstacle à mesure que Ri augmente. En effet, en augmentant le nombre de Richardson, les forces de flottabilité deviennent importantes et poussent les particules fluides vers le haut juste derrière l'obstacle. La conservation de la masse impose dans ce cas un appel de fluide dans la région au dessous de l'obstacle, ce qui entraîne la déviation d'une grande masse de fluide vers cette région en se rapprochant de la face frontale de l'obstacle. Pour $\varphi = 12\%$, l'effet des forces de flottabilité devient moins significatif lorsque Ri augmente. En effet, les particules fluides qui s'approchent de la face frontale de l'obstacle n'ont pas subi une déviation en grande masse vers la région au-dessous de l'obstacle lorsque Ri augmente. Ce changement de structure d'écoulement peut être expliqué par le phénomène de thermophorèse, qui est un phénomène convectif lié au mouvement brownien. Son intérêt se situe au voisinage d'une paroi chauffée ou dans des régions à forts gradients de température. Au voisinage d'une nanoparticule, l'action de thermophorèse engendre l'apparition d'une force dans une direction préférentielle, qui résulte du déséquilibre des chocs avec les molécules du liquide. Les nanoparticules sont donc poussées plus fortement par les molécules du côté chaud à cause de la différence de quantité de mouvement. Cela les emmène automatiquement vers les régions les plus froides, donc vers les parois horizontales du canal, provoquant ainsi la migration du nanofluide vers les sections au-dessous et au-dessus du cylindre.

La figure VI-13 représente la variation du débit moyen de l'écoulement, traversant les sections entre l'obstacle et les parois horizontales du canal, en fonction du nombre de Richardson pour différentes fractions volumiques des nanoparticules. Nous remarquons que, pour chaque valeur de φ considérée dans cette étude, les forces de flottabilité deviennent appréciables et modifient la structure globale de l'écoulement autour de l'obstacle à partir de $Ri = 0.8$. Il convient de noter que, en convection forcée pure et pour chaque concentration des nanoparticules, les variations temporelles des débits de l'écoulement à travers les sections

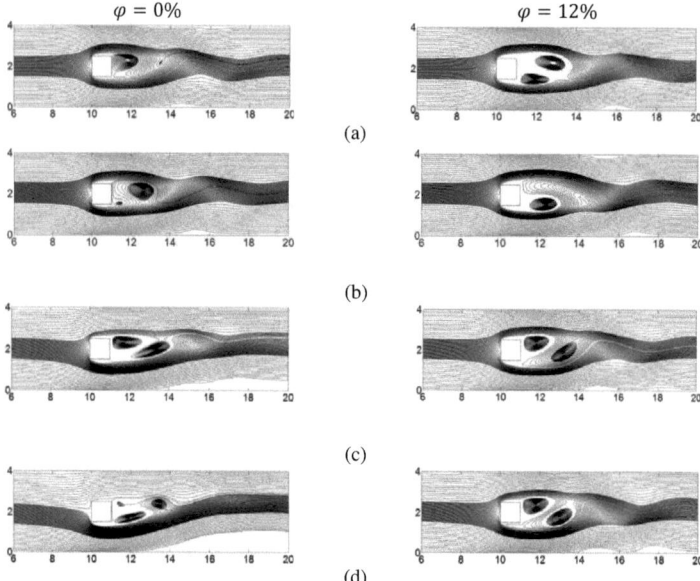

FigureVI-12. *Lignes de courant pour* $Re = 150$
((a) $Ri = 0$, (b) $Ri = 1$, (c) $Ri = 3$, (d) $Ri = 4.5$)

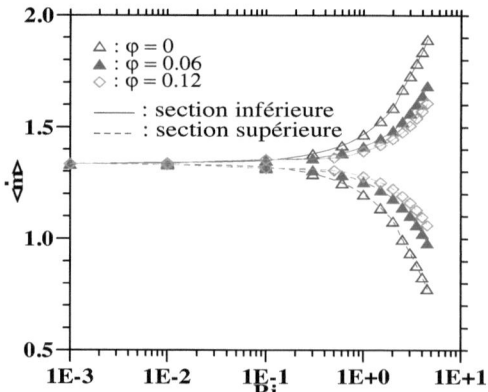

FigureVI-13. *Variation du débit moyen en fonction de Ri pour différentes valeur de φ ($Re = 150$)*

supérieure et inférieure du cylindre fluctuent en opposition de phase autour de la moitié du débit d'écoulement à l'entrée du canal. C'est aussi le cas observé par Abbassi et al., (2002)
dans le cas de l'écoulement d'air à travers un cylindre à base triangulaire placé sur l'axe d'un canal horizontal. En convection mixte, lorsque le terme de poussé commence à avoir de l'importance (i.e. pour $Ri > 0.8$), chaque débit oscille autour de sa valeur moyenne qui est trouvée plus importante au dessous de l'obstacle, comme le montre la figure VI-14.

La figure VI-15, où l'on a reporté la variation du nombre de Strouhal en fonction du nombre de Richardson pour différentes fractions volumiques de nanoparticules, montre que, pour une valeur de φ fixée, le nombre de Strouhal est quasiment constant aux faibles valeurs de Ri, qu'il augmente ensuite relativement lentement et, finalement il croît. Le nombre de Richardson correspondant au début de l'augmentation de St dépend de φ : il est d'autant plus grand que la concentration des nanoparticules est importante. En outre, lorsque Ri atteint la valeur $Ri = 4.5$, les calculs montrent que le nombre de Strouhal subit une augmentation de l'ordre de 57%, 37% et 6% pour $\varphi = 0\%$, $\varphi = 6\%$ et $\varphi = 12\%$ respectivement.

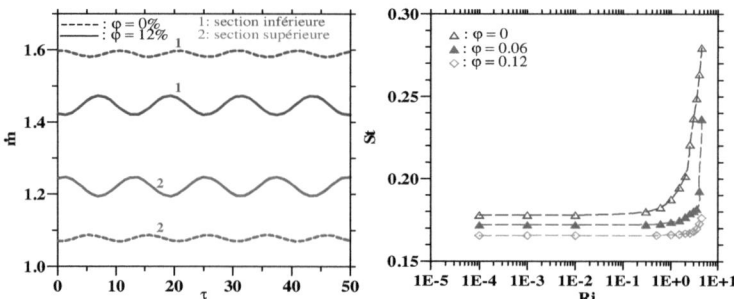

FigureVI-14. *Evolution temporelle du débit d'écoulement à travers les sections au dessus et au dessous de l'obstacle pour Ri = 2*

FigureVI-15. *Variation de St en fonction de Ri pour différentes valeurs de φ (Re = 150)*

VI.3.2. Etude thermique

La variation du nombre de Nusselt global, moyenné dans le temps et dans l'espace, $\langle \overline{Nu_t} \rangle$ en fonction du nombre de Richardson, pour diverses valeurs de φ est illustrée sur la figure VI-16. Pour un nombre de Richardson fixé, une amélioration de l'ordre de 22% et de 13% est observée sur le transfert de chaleur lorsque φ passe de 0% à 6% et de 6% à 12% respectivement. Pour chaque valeur de φ, le transfert de chaleur est trouvé quasiment constant aux valeurs de $Ri < 8.10^{-1}$, qu'il augmente relativement lentement et, finalement, croit rapidement vers la même asymptote. En accord avec les résultats précédents, les forces de flottabilité commencent à avoir de l'importance à partir de $Ri = 8.10^{-1}$. Le transfert de chaleur de l'obstacle vers l'écoulement subit une augmentation importante au-delà de cette valeur de Ri. En effet, lorsque Ri varie de 0 à 4.5, une amélioration de l'ordre de 23.4%, 25.4% et 20.5% est observée sur le transfert de chaleur respectivement pour $\varphi = 0\%, 6\%$ et 12%.

Enfin, sur la figure VI-17, nous avons représenté la variation du nombre de Nusselt global en fonction de la fraction volumique des nanoparticules pour différents nombres de Richardson. On remarque que, pour chaque valeur de Ri,

$\langle \overline{Nu_t} \rangle$ augmente de façon monotone en augmentant φ et augmente à mesure que le nombre de Richardson augmente pour une fraction volumique de nanoparticule fixé. Pour chaque valeur de Ri, $\langle \overline{Nu_t} \rangle$ varie linéairement avec φ et peut être corrélé par une relation de type : $\langle \overline{Nu_t} \rangle = aRi + b$. Les valeurs de « a » et « b » sont trouvées comme suit :

Pour $Ri = 0$: $\quad\quad\quad\quad \langle \overline{Nu_t} \rangle = 10.684\, \varphi + 5.640$ (VI-4)

Pour $Ri = 1$: $\quad\quad\quad\quad \langle \overline{Nu_t} \rangle = 11.432\, \varphi + 5.960$ (VI-5)

Pour $Ri = 4.5$: $\quad\quad\quad \langle \overline{Nu_t} \rangle = 11.804\, \varphi + 7.008$ (VI-6)

Ces corrélations, obtenues par la méthode de moindre carrée, sont en bon accord avec nos valeurs numériques avec des écarts inférieurs à 1%.

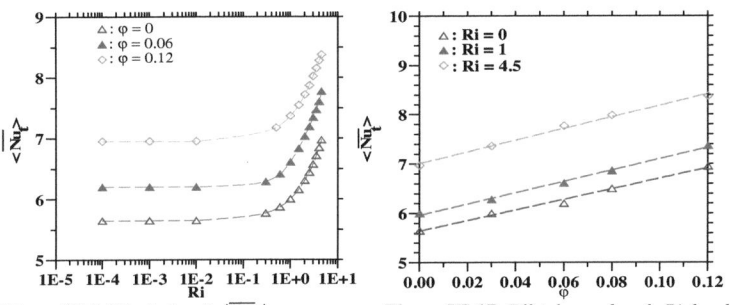

Figure VI-16. *Variation de $\langle \overline{Nu_t} \rangle$ en fonction de Ri pour différentes valeurs de φ*

Figure VI-17. *Effet du nombre de Richardson Ri sur la variation de $\langle \overline{Nu_t} \rangle$ avec φ*

VI.4. Conclusion

Une étude numérique de l'écoulement, laminaire, bidimensionnel et incompressible d'un nanofluide (Eau/Cu) autour d'un cylindre à base carrée, chauffé et placé symétriquement par rapport à l'axe d'un canal horizontal a été réalisée. Les calculs sont effectués pour différents nombres de Reynolds variant de 85 à 200, différents nombres de Richardson allant de 0 à 4.5, différentes fractions volumique des nanoparticules allant jusqu'à 12% et un nombre de

Prandtl égal à 6.2. Les résultats numériques nous amènent à tirer les conclusions suivantes :

En convection forcée:

✓ La valeur du nombre de Reynolds critique Re_c définissant la transition entre deux régimes d'écoulement (stationnaire et périodique) décroît rapidement avec l'augmentation de la fraction volumique de nanoparticules, atteint un minimum local au voisinage de $\varphi = 6\%$, après il augmente légèrement lorsque φ augmente.

✓ La présence des nanoparticules a un effet significatif sur l'amplitude des oscillations du coefficient de portance, qui montre une augmentation importante pour des concentrations de Cu et des nombres de Reynolds élevés. L'ajout des nanoparticules de cuivre en grande pourcentage, rend alors l'obstacle dans une position instable à l'écoulement transversal pour des nombres de Reynolds élevés.

✓ A un nombre de Reynolds fixe, le nombre de Strouhal diminue en augmentant la fraction volumique des nanoparticules. Cette diminution signifie le retard de détachement des tourbillons.

✓ Le nombre de Nusselt moyen global $\langle \overline{Nu_t} \rangle$ peut être corrélé par une relation de type : $\langle \overline{Nu_t} \rangle = c\, \text{Re}^d$.

En convection mixte :

✓ Pour un nombre de Richardson fixé, une augmentation de la concentration de Cu conduit à une diminution de la fréquence de détachement des tourbillons derrière l'obstacle et à une augmentation du transfert de chaleur de l'obstacle vers le nanofluide en écoulement.

✓ Pour toutes les fractions volumiques de nanoparticules considérées dans notre étude, les forces de flottabilité commencent à avoir de l'importance sur la structure globale de l'écoulement et sur le transfert de chaleur à partir de $Ri = 0.8$.

CONCLUSION GÉNÉRALE

Conclusion générale

Le travail présenté dans ce mémoire porte sur l'étude du contrôle de l'écoulement laminaire et bidimensionnel autour d'un obstacle ayant la forme d'un cylindre à base carrée, placé symétriquement par rapport à l'axe d'un canal horizontal.

La première étape a consisté à modifier un code de calcul spécifique, déjà existant, pour l'adapter aux problèmes du contrôle de l'écoulement d'eau à travers un obstacle, soit par l'ajout d'un milieu poreux, soit par l'injection des nanoparticules de cuivre dans le fluide de base. Lorsque le contrôle est moyenné par un milieu poreux, une technique de pénalisation est utilisée. Cette technique permet de représenter simultanément les milieux fluide, solide et poreux en fonction d'un seul paramètre dans les équations de Naviers-Stokes. Lorsque le contrôle est moyenné par l'ajout des nanoparticules de cuivre, les modèles de maxwell et de Brinkman sont utilisés pour estimer respectivement la viscosité dynamique et la conductivité thermique du nanofluide.

Le système d'équations (de continuité, de quantité de mouvement et d'énergie), gouvernant les transferts convectifs est résolu par la méthode des volumes finis, adaptée à un maillage décalé, et l'algorithme SIMPLER est employé pour traiter le couplage vitesse-pression. Les équations sont traitées sous formes instationnaires et l'intégration temporelle est effectuée par un schéma de directions alternées (ADI).

Le code spécifique a été tout d'abord validé par comparaison avec des résultats antérieurs. On a choisi comme modèles physiques celui de l'écoulement d'air autour d'un cylindre à base carrée, confiné dans un canal horizontal et celui de l'écoulement de nanofluide (Eau/Cu) derrière une marche descendante. Les résultats obtenus en convection forcée sont en bon accord avec ceux publiés dans la littérature. Ce test de validation nous a confirmé que notre code spécifique est capable de simuler correctement les écoulements de fluides et de nanofluides dans un canal à frontières ouvertes avec ou sans obstacle.

Dans la première partie de ce mémoire, une étude numérique est présentée pour simuler le contrôle passif de l'écoulement en introduisant une couche poreuse entre le fluide et le cylindre à base carrée, placé symétriquement par rapport à l'axe d'un canal horizontal. Pour un nombre de Reynolds fixé à Re = 150, les calculs ont été effectués pour différentes valeurs de perméabilité allant de K = 10^{-3} à 10^3 et différentes épaisseurs de la couche poreuse allant de 10% à 30%. Les résultats obtenus dans cette partie peuvent être résumés comme suit:

✓ L'introduction d'une seule couche poreuse derrière l'obstacle réduit considérablement les amplitudes des coefficients de portance et de traînée. Ce résultat met clairement en évidence l'intérêt du contrôle qui réside dans la stabilité de l'écoulement en présence d'une couche poreuse.

✓ Avec un bon choix de l'épaisseur et de perméabilité de la couche poreuse, la réduction des amplitudes des oscillations des coefficients de portance Cl et de traînée Cd peuvent atteindre 49% et 70% aux voisinages de $K = 4.10^{-3}$ et $K = 2.10^{-2}$ respectivement.

✓ La mise en œuvre de la couche poreuse derrière l'obstacle a un effet négligeable sur le nombre de Strouhal.

Dans la deuxième partie de cette thèse, nous avons commencé par simuler l'écoulement, en convection mixte, de nanofluide (Eau/Cu) derrière une marche descendante dont le but d'analyser l'effet de la concentration des nanoparticules de cuivre et l'effet du nombre de Richardson, caractérisant les forces de flottabilité, sur les comportements hydrodynamique et thermique. Pour une gamme du nombre de Richardson Ri allant de 0 à 2.85 et une fraction volumique des nanoparticules variant de $\varphi = 0\%$ à 20%, les résultats obtenus peuvent être résumés comme suit:

✓ Le nombre Richardson critique Ri_c, caractérisant l'apparition des cellules de convection à proximité des parois horizontales, augmente avec la fraction volumique φ. Il peut être corrélé par la relation suivante : $Ri_c = 6.5\varphi + 0.8$

✓ Pour différents nombres de Richardson et différentes fractions volumiques des nanoparticules considérées dans cette étude, la longueur de rattachement Lr peut être corrélée par une relation de type : $Lr = aRi + b$.

✓ Pour chaque fraction volumique des nanoparticules, la force de flottabilité joue un rôle majeur dans l'amélioration du transfert de chaleur lorsque Ri dépasse le nombre de Richardson critique.

Ensuite, nous avons simulé l'écoulement de nanofluide (Eau/Cu) autour d'un cylindre à base carrée, chauffé et placé sur l'axe d'un canal horizontal. L'attention est principalement portée sur l'effet de la concentration des nanoparticules sur les coefficients globaux de l'écoulement, à savoir le nombre de Strouhal et les coefficients de portance et de traînée, ainsi que sur le transfert de chaleur, ceci en convection forcée et en convection mixte. Pour $85 \le Re \le 200$, $0 \le Ri \le 4.5$, $0\% \le \varphi \le 12\%$ et $Pr = 6.2$, les conclusions suivantes peuvent être tirées:

En convection forcée:

✓ La valeur du nombre de Reynolds critique Re_c définissant la transition entre deux régimes d'écoulement (stationnaire et périodique) décroît rapidement avec l'augmentation de la fraction volumique, atteint un minimum local au voisinage de $\varphi = 6\%$, après il augmente légèrement lorsque φ augmente.

✓ Pour des nombres de Reynolds élevés, l'ajout des nanoparticules de cuivre en grande pourcentage rend l'obstacle dans une position instable à l'écoulement transversal.

✓ Pour un nombre de Reynolds fixé, le nombre de Strouhal diminue en augmentant la fraction volumique des nanoparticules.

✓ Pour différentes fractions volumiques des nanoparticules, le nombre de Nusselt moyen global $\langle \overline{Nu_t} \rangle$, caractérisant le flux de chaleur transféré de l'obstacle vers le nanofluide en écoulement, peut être corrélé par une relation de type : $\langle \overline{Nu_t} \rangle = c \, Re^d$.

En convection mixte :

✓ Pour un nombre de Richardson fixé, une augmentation de la concentration de Cu conduit à une diminution de la fréquence de détachement des tourbillons derrière l'obstacle et à une augmentation du transfert de chaleur de l'obstacle vers le nanofluide en écoulement.

✓ Pour toutes les fractions volumiques des nanoparticules considérées dans notre étude, les forces de flottabilité commencent à avoir de l'importance sur la structure globale de l'écoulement et sur le transfert de chaleur à partir de $Ri = 0.8$.

Perspectives :

Les modèles que nous avons utilisé dans le présent travail, permettant d'estimer la viscosité dynamique et la conductivité thermique du nanofluide (Eau/Cu), n'intègrent pas les effets du mouvement Brownien ni ceux de la taille des particules. Par ailleurs, ils existent dans la littérature d'autres modèles qui tiennent compte des effets de la taille et de la concentration des nanoparticules, de la température du mélange ainsi que des propriétés des phases fluide et solide, dans l'expression de la conductivité thermique du nanofluide. Ces modèles ont connu leurs preuves dans l'amélioration du transfert de chaleur de l'écoulement de nanofluides en convection naturelle. En revanche, ils n'ont pas été encore testé ni en convection forcée, ni en convection mixte de l'écoulement de nanofluides autour d'un obstacle. L'extension du présent travail de thèse consisterait donc à tester ces modèles et voir leurs effets sur les coefficients globaux de l'écoulement ainsi que sur le transfert de chaleur.

RÉFÉRENCES BIBLIOGRAPHIQUES

RÉFÉRENCES BIBLIOGRAPHIQUES

1- Abbassi H., S. Turki and S. Ben Nasrallah, «Numerical investigation of forced convection in a plane channel with a built-in triangular prism», *Int. J. Thermr. Sci.*, 40, 2001a, 649-658.

2- Abbassi H., S. Turki and S. Ben Nasrallah, « Mixed convection in a plane channel with a built-in triangular prism», *Numerical heat Transfer: Part A*, 39, 2001b, 307-320.

3- Abassi H., S. Turki and S. Ben Nasrallah, «Channel flow bluff-body: outlet boundary condition, vortex shedding and effects of buoyancy», *Computational Mechanics*, 28, 2002, 10-16.

4- Abbassi H. and S. Ben Nassrallah, «MHD flow and heat transfer in a backward-facing step», *Heat and Mass Transfer*, 34, 2007, 231–237.

5- Abu-Mulaweh H.I., «A review of research on laminar mixed convection flow over backward and forward-facing steps», *Int. J. Therm. Sci.*, 42, 2003, 897–909.

6- Abu-Nada E., «Application of nanofluids for heat transfer enhancement of separated flows encountered in a Backward Facing Step», *International Journal of Heat and Fluid Flow*, 29, 2008, 242–249.

7- Al-aswadi A.A., H.A. Mohammed, N.H. Shuaib and A. Campo, «Laminar forced convection flow over a backward-facing step using nanofluids», *Int. Comm. in Heat and Mass Transfer*, 37, 2010, 950–957.

8- Amitay M., A. Honohan, M. Trotman and A. Glezer, «Modification of the aerodynamic characteristics of bluff bodies using fluiduc actuators», *ATAA paper 97 – 2004, Snowmass Village, June 1997*.

9- Apurba and Nilardi, «Study of heat transfer due to laminar flow of copper– water nanofluid through two isothermally heated parallel plates», *International Journal of Thermal Sciences*, 48, 2009, 391–400.

10- Armaly B. F., F. Durst, J. C. F. Pereira and B. Schönung, «Experimental and theoretical investigation of backward-facing step flow», J. Fluid Mechanics, 127, 1983, 473–496.

11- Arquis E., «Convection mixte dans une couche poreuse verticale non confiée. Application à l'isolation perméo dynamique», *Ph D thesis, Université Bordeaux I, 1984*

12- Bera J. C., M. Michard and M. Sunyach, «Contrôle par jet pulse du sillage d'un cylindre hexagonal», *36ème colloque d'aérodynamique appliquée AAAF*. Orléans, France, mars 2000.

13- Biswas G., H. Laschefski, N.K. Mitra and M. Fiebig, «Numerical investigation of mixed convection heat transfer in a horizontal channel with a built-in square cylinder», *Numer. Heat Transfer, Part A*18, 1990, 173–188.

14- Blevin R. D., «The effect of sound on vortex shedding from cylinders», *J. Fluid Mech.*, 161, 1985, 217-237.

15- Bouaziz M., S. Kessentini and S. Turki, «Numerical prediction of flow and heat transfer of power-law fluids in a plane channel with a built in heated square cylinder», *Int. J. Heat and Mass Transfer,* 53, 2010, 5420-5429.

16- Boussinesq J. «Theorie analytique de la chaleur», *Vol.2. Gauthier-Villars, Paris, 1903.*

17- Breuer M., J. Bernsdorf, T. Zeiser and F. Durst, «Accurate computations of the laminar flow past square cylinder based on two different methods: lattice-Boltzman and finite volume», *Int. J. Heat Fluid Flow,* 21, 2000, 186–196.

18- Brinkman H. C., «The viscosity of concentrated suspensions and solutions », *J. Chem. Phys.*, 20, 1952, 571–581.

19- Bruneau C.-H. and I. Mortazavi, «Passive control of the flow around a square cylinser using porous media», *Int. J. Num. Meth. Fluids,* 46, 2004.

20- Bruneau, C.-H., Mortazavi, I. and Gilliéron, P., «Passive control around the two-dimensional square back Ahmed body using porous devices », *J. Fluids Eng*. 130, 2008,1-33.

21- Calluaud D., L. David, S. Rouvreau and P. Joulain., «Ecoulement laminaire autour d'un cylindre de section carrée comparaison calcule expérimental», *Laboratoire d'Etudes Aérodynamiques (UMR 6609-CNRS) Boulevard Pierre et Marie Curie Téléport 2, B.P. 30179 86960 FUTUROSCOPE Cedex. 2001*.

22- Caltagirone J. and Arquis E., «Recirculating flow in porous media»,*Comptes Rendus-Academie des Sciences, Serie II 302*, 14, 1986, 843-846.

23- Caltagirone J.-P., «Sur *l'interaction fluide-milieu poreux : Application au calcul des efforts exercés sur un obstacle par un fluide visqueux*», C. R. Acad. Sci. 1994 318 serie II.

24- Chatterjee D., «Magneto convective transport in a vertical lid-driven cavity including a heat conducting square cylinder with Joule heating», *Numerical Heat Transfer A*, 64,20-32, 1050-1071.

25- Chatterjee D. and G. Biswas, «Dynamic behavior of flow around rows of square cylinders kept in staggered arrangement», *Journal of Wind Engineering and Industrial Aerodynamics*, 136, 2015a, 1-11.

26- Chatterjee D., A. Sengupta, N. Debnath and S. De, «Influence of an adiabatic square cylinder on hydrodynamic and thermal characteristics in a two-dimensional backward-facing step channel», *Heat Transfer Research*, 46, 2015b, 63-89.

27- Cheng M., D.S. Whyte and J. Lou., «Numerical simulation of flow around a square cylinder in uniform-shear flow », *Journal of Fluids and Structures,*23, 2007, 207–226.

28- Choi S.U.S., Z.G. Zhang, W. Yu, F.E. Lockwood and E.A. Grulke, «Anomalous thermal conductivity enhancement in nanotube suspensions», *Appl. Phys. Lett.* 79, 2001, 2252–2254.

29- Daungthongsuk, W. and S. Wongwises, «A critical review of convective heat transfer of nanofluids», *Renew. Sustain. Energy Rev.* 11, 2007, 797–817.

30- Davis R.W., E.F. Moore and L.P. Purtell, «Numerical-experimental study of confined flow around rectangular cylinder», *Phy. Fluids*, 27, 1984, 46-59.

31- Dhiman A. K., R. P. Chhabra and V. Eswaran, «Steady flow of power-law fluids across a square cylinder», *Chem. Eng. Res. Des.*, 84, 2006, 300–310.

32- Dhouaib M.S., F. Aloui, S. Turki and S. Ben Nasrallah, «Etude expérimentale et numérique des écoulements instationnaires derrière un barreau carré placé dans un milieu confiné, *1ère Conférence Internationale sur La Conversion et La maitrise de L'Energie*», CICME'08, 11-13, Avril 2008, Sousse –Tunisie

33- Eastman J.A., S.U.S. Choi and S. Li, «Thompson, Enhanced thermal conductivity through the development of nanofluids, *in: Proceedings of the Symposium on Nanophase and Nanocomposite Materials II*», vol. 457, Materials Research Society, Boston, USA, 1997, pp. 3–11.

34- Ebrahimnia-Bajestan E., H. Niazmand, W. Duangthongsuk, S. Wongwises and M. Renksizbulut, «Numerical investigation of effective parameters in convective heat transfer of nanofluids flowing under laminar flow regime», *Int. J. Heat Mass Transfer*, 54, 19–20, 2011, 4376–4388.

35- Farjallah H., H. Abbassi and S. Turki, «Vortex shedding of electrically conducting fluid flow behind a square cylinder under magnetic field», *Engineering Applied of Computational Fluid Mechanics*, 3, 5, 2011, 349-356.

36- Fazeli S. A., S. M. H. Hashemi, H. Zirakzadeh and M. Ashjaee, «Experimental and numerical investigation of heat transfer in a miniature heat sink utilizing silica nanofluid», *Superlattices and Microstructures*, 51, 2, 2012, 247-264.

37- Gartling D K., «A test problem for outflow boundary condition-Flow over a backward facing step», *Int. J. Num. Methods Fluids,* 11, 1990, 953–967.

38- Griffin O. M. and S. E. Ram berg, «The vortex street wakes of vibrating cylinders», *J. Fluid Mech.*, 66, 1974, 553 -576.

39- Harlow Francis H. and J. E. Fromm, «Dynamics and heat transfer in the von Karman wake of a rectangular cylinder», *Physics of Fluids,* 7, 1964, 1147-1155.

40- Hashemi, S. M. H, S. A. Fazeli, H. Zirakzadeh and M. Ashjaee, «Study of heat transfer enhancement in a nanofluid-cooled miniature heat sink-volume average technique», *International Communications in Heat and Mass Transfer,* 39, 6, 2012, 877-884.

41- Hernandez G., «Contrôle actif des instabilités hydrodynamique des écoulements subsoniques compressibles», *Thèse de doctorat, I.N.P.T.,* Toulouse, 1996.

42- Igarashi T., «Characteristics of a flow around two circular cylinders of different diameters arranged in tandem », *Bulletin of the JSME,* 25, 1982, 349–357.

43- Igarashi T. and T. Tsutsui, «Flow control around a circular cylinder by a new method, 1st Report, Forced reattachment of the separated shear layer », *Transactions of JSME,* 55, 511, 1989, 701–706.

44- Igarashi T., «Drag reduction of a square prism by flow control using a small rod», *Journal of Wind Engineering and Industrial Aerodynamics,* 69–71, 1997, 141–153.

45- Kakaç S. and Pramuanjaroenkij A., «Review of convective heat transfer enhancement with nanofluids», *Int. J. of Heat and Mass Transfer,* 52, 2009, 3187-3196.

46- Kármán von Th., «FestigkeitsVersucheun terall seitigem Druck», *Verhandl. Deut. Ingr.*, 55, 1911, 1749–1758.

47- Kelkar K.M., S.V. Patankar, «Numerical prediction of vortex shedding behind a square cylinder»,*Int. J. Numer. Methods Fluids,* 14, 1992, 327–341.

48- Khanafer K., K. Vafai and M. Lightstone, «Buoyancy-driven heat transfer enhancement in a two-dimensional enclosure utilizing nanofluids », *Int. J. Heat Mass Transfer,* 46, 2003, 3639–3653

49- Kherbeet, A. Sh., H.A. Mohammed and B.H. Salman, «The effect of nanofluids flow on mixed convection heat transfer over micro scale backward-facing step», *Heat and MassTransfer,* 55, 2012, 5870–5881.

50- Kim J. and P. Moin, «Application of a fractional-step method to incompressible Navier-Stokes equations», *J. Computational Physics,* 59, 1985, 308–323.

51- Koenig K. and A. Roshko, «An experimental study of geometrical effects on the drag and flow field of two bluff bodies separated by a gap», *Journal of Fluid Mechanics,*156, 1985, 167–204.

52- Lesage F. and I.S. Gartshore, «A method of reducing drag and fluctuating side force on bluff bodies », *Journal of Wind Engineering and Industrial Aerodynamics,* 25, 1987, 229–245.

53- Luo S.C., T. Chew and Y.T. Ng., «Characteristis of square cylinder wake transition flows», *Phys. Fluids,* 8, 2003, 2549-2559.

54- Mahian, O., A. Kianifar, S.A. Kalogirou, I. Pop and S. Wongwistes, «A review of the applications of nanofluids in solar energy», *International Journal of Heat and Mass Transfer,* 57, 2013, 582–594.

55- Mahir N., «Three-dimensional flow around a square cylinder near a wall», *Ocean Engineering,* 36, 2009, 357-367.

56- Mazellier N. and A. Kourt, «Amélioration des performances aérodynamiques d'un profil au moyen d'un actionneur passif auto-adaptatif», *20ème Congrès Français de Mécanique Besançon,* 29 août au 2 septembre 2011a.

57- Mazellier N., A. Feuvrier and A. Kourta, «Biomimetic blub body drag reduction by self-adaptive porous flaps », *arXiv: 1107. 4975v1 [physics.fludyn]*, 25 Jul 2011b.

58- Mc Manus K. and J. Magill, «Airfoil enhancement using pulsed jet separation control», *AIAA paper 97-1971, Snowmass Village*,June 1997.

59- Mohammed H.A., A.A. Al-aswadi, M.Z. Yusoff and R. Saidur, «Mixed convective flows over backward-facing step in a vertical duct using various nanofluids buoyancy-assisting case», *Thermophysics and Aeromechanics*,42, 2012, 1–30

60- Morel T. and M. Bohn, «Flow over two circular disks in tandem », *ASME Journal of Fluids Engineering,* 102, 1980, 104–111.

61- Nayak R.K., S. Bhattacharyya and I. Pop, «Numerical study on mixed convection and entropy generation of Cu–water nanofluid in a differentially heated skewed enclosure», *International Journal of Heat and Mass Transfer,* 85, 2015, 620–634.

62- Ozono S., «Flow control of vortex shedding by a short splitter plate asymmetrically arranged downstream of a cylinder», *Phys. Fluids,* 11, 1999, 2928.

63- Paliwal B., Sharma A.G., Chhabra R.P. and Eswaran V., «Power Law Fluid Flow Past a Square Cylinder: Momentum and Heat Transfer Characteristics», *Chem. Eng. Sci.,* 58, 2003, 5315-5329.

64- Park D. S. , D. M. Ladd and E. W. Hendricks, «Feedback control of von Karman vortex shedding behind a circular cylinder at low Reynolds numbers», *Phys. Fluids,* 6, 7, 1994, 2390-2405.

65- Patankar S. V., «Numerical heat transfer and fluid flow», *Series in Comp. Meth. In Mech. and Therm. Sc., Mac Graw hill, 1980.*

66- Prandtl L., «Uber Flussigkeit sbewe gungbeisehr kleiner Reibung », *Verh. III. Intern. Math. Kongr., Heidelberg*, 1904, 484–491, Teubner, Leipzig.

67- Ramsak M. and L.A., «Skerget, Subdomain boundary element method for high-Reynolds laminar flow using stream function–vorticity formulation», *Int. J. Num. Meth. Fluids*, 46, 2004, 815–847.

68- Rashad A. M., A. J. Chamkha and M. M. M. Abdou,«Mixed Convection Flow of Non-Newtonian Fluid from Vertical Surface Saturated in a Porous Medium Filled with a Nanofluid», *Journal of Applied Fluid Mechanics*, 6, 2, 2013, 301-309.

69- Rea U., T. McKrell, L.-W. Hu and J. Buongiorno, «Laminar convective heat transfer and viscous pressure loss of alumina–water and zirconia–water nanofluids», *Int. J. Heat Mass Transfer*, 52, 7–8, 2009, 2042–2048.

70- Safaei, M. R., H. Togun, K. Vafai, S. N. Kazi and A. Badarudin, «Investigation of Heat Transfer Enhancement in a Forward-Facing Contracting Channel Using FMWCNT Nanofluids », *Numerical Heat Transfer, Part A: Applications*, 66, 12, 2014, 1321-1340.

71- Saidur, R., K.Y. Leong and H.A. Mohammad, «A review on applications and challenges of nanofluids», *Renew. Sustain. Energy Rev.*, 15, 2011, 1646–1668.

72- Sarafraz M.M., S.M. Peyghambarzadeh, F. Hormozi and N. Vaeli, «Experimental studies on the upward convective boiling flow to DI-water and CuO nanofluids inside the annulus »,*Journal of Applied Fluid Mechanics*, 09, 2014.

73- Sarkar S., S. Ganguly, G. Biswas, «Mixed convective heat transfer of nanofluids past a circular cylinder in cross flow in unsteady regime », *Int. J. Heat Mass Transfer*,55, 2012, 4783–4799.

74- Sarkar. S, S. Ganguly, and A. Dalal, «Buoyancy driven flow and heat transfer of nanofluids past a square cylinder in vertically upward flow», *Int. J. Heat Mass Transfer*, 59, 2013, 433–450.

75- Seifert A., A. Darabi and I. Wygnanski, «Delay of airfoil stalls by periodic excitation», *Journal of Aircraft*, 33, 4, 1996, 691-698.

76- Shuja S. Z., B. S. Yilbas and M. O. Iqbal, «heat transfer characteristics of flow past rectangular protruding body», *Numerical Heat Transfer, Part A, 37,* 2000, 307-321.

77- Sohankar A. , C. Norberg and L. Davidson, «Low – Reynolds number flow around a square cylindre at incidence: study of blockage, onset of vortex shedding and outlet boundary condition», *Int. J. for Num. Methods in Fluids,* 26, 1998, 39-56.

78- Sohel, M.R., R. Saidur, M. F. M. Sabri, M. Kamalisarvestani, M.M. Elias and A. Ijam, «Investigating the heat transfer performance and thermophysical properties of nanofluids in a circular micro-channel », *International Communications in Heat and Mass Transfer,* 42, 2013, 75-81.

79- Tinney C.E., and E.L.S. Ukeiley, «A study of a 3-D double backward-facing step», *Experiments in Fluids,*47, 2009, 427–439

80- Tokumaru P.T. and P. E. Dimotakis, «Rotary oscillation control of a cylinder wake», *J .Fluid Mech.,* 224, 1991, 77-90.

81- Tritton D. J., «Physical Fluid Dynamics, 2nd edition, Oxford: Oxford Science publication », 1988.

82- Tropea C.D. and P. Gackstatter, «The flow over two dimensional surface mounted obstacles at low Reynolds number», *J. Fluids Engrg.,* 107, 1985, 489–494.

83- Turki S., «Contribution à l'étude numérique des transferts par convection naturelle et par Convection mixte dans les fluides non newtoniens confinés», *Thèse, CNAM-Paris,*1991.

84- Turki S., H. Abbassi and S. Ben Nasrallah, «Effect of the blockage ratio on the flow in a channel with a built-in square cylinder», *Comput. Mech.* 33, 2003a, 22–29.

85- Turki S., H. Abbassi and S. Ben Nasrallah, «Two-dimensional laminar fluid flow and heat transfer in a channel with a built-in heated square cylinder», *Int. J. Therm. Sci.,* 42, 2003b, 1105–1113.

86- Turki S. «Numerical Simulation of Passive Control on Vortex Shedding behind Square Cylinder Using Splitter Plate», *Engineering Applied of Computational Fluid Mechanics*, 2, 4, 2008, 514-524.

87- Valipour M.S. and A.Z. Ghadi, «Numerical investigation of fluid flow and heat transfer around a solid circular cylinder utilizing nanofluid », *Int. Comm. Heat Mass Transfer*, 38, 2011, 1296–1304.

88- Valipoor, M.S., R. Masoodi, S. Rashidi, M. Bovand and M. Mirhosseini,«A numerical study on convection around a square cylinder using $AL_2O_3 - H_2O$ nanofluid »,*Thermal science*, 18, 4, 2014, 1305-1314.

89- Vradis G. C., Outgen V. and Sanchez J., «Heat transfer over a backward-facing step: Solutions to a benchmark», *Benchmark Problems for Heat Transfer Codes ASME*, 222, 1992, 27–34.

90- Wang X., X. Xu and S.U.S. Choi, «Thermal conductivity of nanoparticle–fluid mixture », *J. Thermophys. Heat Transfer*, 13, 1999, 474–480.

91- Wen D. and . Ding, «Experimental investigation into convective heat transfer of nanofluids at the entrance region under laminar flow conditions», *International Journal of Heat and Mass Transfer*, 47, 24, 2004, 5181-5188.

92- Williams J. E. Fowcs and B. C. Zhao, «*The active control of vortex shedding*», J .of Fluids and structures, 3, 1989,115-122.

93- Williams D. R., H. Mansy and C. Amato, «The response and symmetry properties of a cylinder wake subjected to localized surface excitation»,*J.Fluid Mech.*, 234, 1992, 71-96.

94- Williamson C.H.K, «Vortex dynamics in the cylinder wake»,*Annu.Rev.Fluid Mech.*, 28, 477-539, 1996.

95- Wu H. W. And S. W. Perng, «Enhancement of heat transfer of mixed convection for heated blocks using vortex shedding generated by an oblique plate in a horizontal channel», *Actamechanica*, 136, 1999, 77-89

96- Xuan Y., Q. Li and W. Hu, «Aggregation structure and thermal conductivity of nanofluids», *AIChE J.*, 49, 2003a, 1038–1043.

97- Xuan Y and Q. Li, «Investigation on convective heat transfer and flow features of nanofluids», *J. Heat Transfer*, 125, 2003b, 151–155.

98- Zadravkovich M.M., «Review and classification of various aerodynamic and hydrodynamic means for suppressing vortex shedding», *J. Wind Eng. Indust. Aerodynamics* 1981

99- Zeinali H. S., Gh S. Etemad, and E. M. Nasr, «Experimental investigation of oxide nanofluids laminar flow convective heat transfer», *International Communications in Heat and Mass Transfer,* 33,2006, 529–535.

100- Zhou G., Su Jian, Jie Zhang, and Min Zhang, «Exploring various knowledge in relation extraction», *In ACL,* 05, 2005, 427–434, Ann Arbor, MI.

101- Zirakzadeh H., A. Mashayekh, H. N. Bidgoli and M. Ashjaee, «Experimental investigation of heat transfer in a novel heat sink by means of alumina nanofluids», *Heat Transfer Research,* 43, 8, 2012, 709-720.

Oui, je veux morebooks!

I want morebooks!

Buy your books fast and straightforward online - at one of the world's fastest growing online book stores! Environmentally sound due to Print-on-Demand technologies.

Buy your books online at
www.get-morebooks.com

Achetez vos livres en ligne, vite et bien, sur l'une des librairies en ligne les plus performantes au monde!
En protégeant nos ressources et notre environnement grâce à l'impression à la demande.

La librairie en ligne pour acheter plus vite
www.morebooks.fr

OmniScriptum Marketing DEU GmbH
Heinrich-Böcking-Str. 6-8
D - 66121 Saarbrücken
Telefax: +49 681 93 81 567-9

info@omniscriptum.com
www.omniscriptum.com

Printed by Books on Demand GmbH, Norderstedt / Germany